Deepthi Kc
Eswara Reddy N P

Caracterização de bioagentes e gestão da podridão do caule do amendoim

Deepthi Kc
Eswara Reddy N P

Caracterização de bioagentes e gestão da podridão do caule do amendoim

ScienciaScripts

Imprint

Any brand names and product names mentioned in this book are subject to trademark, brand or patent protection and are trademarks or registered trademarks of their respective holders. The use of brand names, product names, common names, trade names, product descriptions etc. even without a particular marking in this work is in no way to be construed to mean that such names may be regarded as unrestricted in respect of trademark and brand protection legislation and could thus be used by anyone.

Cover image: www.ingimage.com

This book is a translation from the original published under ISBN 978-620-2-05553-6.

Publisher:
Sciencia Scripts
is a trademark of
Dodo Books Indian Ocean Ltd. and OmniScriptum S.R.L publishing group

120 High Road, East Finchley, London, N2 9ED, United Kingdom
Str. Armeneasca 28/1, office 1, Chisinau MD-2012, Republic of Moldova, Europe
Printed at: see last page
ISBN: 978-620-7-92394-6

Índice:

Capítulo 1 4

Capítulo 2 7

Capítulo 3 30

Capítulo 4 44

Capítulo 5 84

CARACTERIZAÇÃO MOLECULAR DE POTENCIAIS AGENTES DE BIOCONTROLO E GESTÃO INTEGRADA DA PODRIDÃO DO CAULE DO AMENDOIM

RESUMO

O amendoim é uma cultura oleaginosa cultivada na Índia, que é afetada pela doença da podridão do caule causada pelo patogénio fúngico *Sclerotium rolfsii* e que provoca perdas de rendimento de 25%. No presente estudo, isolou-se a microflora da rizosfera e os endófitos das raízes e observou-se a sua compatibilidade fungicida contra *S. rolfsii in vitro*, a gestão integrada de *S. rolfsii* e a caraterização molecular de potenciais agentes de biocontrolo através da análise RAPD e 16S rDNA. O agente patogénico foi isolado de uma planta infetada que apresentava sintomas típicos de podridão do caule, *nomeadamente* secagem e murchidão das folhas, crescimento micelial branco na região do colo e foi identificado como *S. rolfsii* (Sacc.). O efeito da densidade de inóculo de *S. rolfsii* na percentagem de germinação e na percentagem de incidência da doença foi avaliado em cinco níveis de inóculo. A percentagem máxima de germinação (86,41%) foi registada a um nível de inóculo de 25 g/kg de solo e a percentagem mínima de germinação (24,68%) foi registada a um nível de inóculo de 125 g/kg de solo. A percentagem máxima de incidência da doença (100%) foi registada ao nível de inóculo mais elevado (125 g/kg de solo) e a percentagem mínima de incidência da doença (21,35%) foi registada ao nível de inóculo de 25 g/kg de solo. Foram isoladas 56 microflora endofítica hostil de endófitos radiculares e da rizosfera do amendoim. Entre os 20 endófitos radiculares bacterianos, o GRE-9 inibiu o crescimento de *S. rolfsii em 100%*, seguido do GRE-8 (77,78%) e do GRE-2 (75,55%).

Entre os 25 isolados bacterianos da rizosfera, o GRB-4 inibiu o crescimento de *S. rolfsii* em 100%, seguido do GRB-16 (85,55%) e do GRB-20 (80,00%). O fungicida mancozebe controlou totalmente o crescimento do isolado bacteriano GRE-9 e foi menos compatível com o tiofanato metílico quando observado *in vitro*. Eficácia de potenciais agentes de biocontrolo (GRE-9) e fungicida compatível (mancozeb) foi testado em cultura em vaso contra a podridão do caule do amendoim. Os resultados revelaram que o tratamento T7 (aplicação no solo com o potencial agente de biocontrolo em fungicida compatível + tratamento de sementes com um potencial agente de biocontrolo com fungicida) foi superior na redução da incidência da doença em percentagem e no aumento dos parâmetros de crescimento das plantas, como o comprimento da raiz, o comprimento do rebento, o peso seco do rebento e da raiz, quando comparado com outros tratamentos, *Os isolados bacterianos antagonistas, nomeadamente* GRE-9, GRE-11, GRE-12, GRE-15, GRE-18, GRB-2, GRB-4, GRB-5, GRB-9, GRB-11, GRB-12, GRB-14, GRB-16 e GRB-20, com diferentes graus de atividade antagonista contra *S. rolfsii,* foram seleccionados para caraterização molecular. Os perfis de bandas RAPD com 40 primers foram analisados, dos quais 31 primers, *nomeadamente* OPA-1 a OPA-20 e OPC-1 a OPC-20, representaram a sua diversidade com 14 bactérias antagonistas e formaram 2 grupos. O isolado bacteriano potencialmente antagonista GRE-9 foi identificado como *Alcaligensfaecalis* (número de acesso: KX751705) com base na sequência 16S rDNA.

CAPÍTULO 1
INTRODUÇÃO

INTRODUÇÃO

O amendoim (*Arachishypogaea* L.) é uma importante cultura oleaginosa cultivada em todo o mundo em climas tropicais, subtropicais e temperados quentes. Em todo o mundo, a área cultivada com amendoim é de 2459 milhões de hectares, com uma produção de 4047 milhões de toneladas e uma produtividade média de 1646 kg/ha (estatísticas agrícolas num relance de 2014). (Na Índia, é cultivado em 5,53 milhões de hectares, com uma produção anual de 9,67 milhões de toneladas e um rendimento de 1750 kg/ha no ano de 2013-14 (Direção de Economia e Estatística 2014). Em Andhra Pradesh, é cultivada numa área de 1,39 milhões de hectares, com uma produtividade de 1,23 milhões de toneladas e um rendimento de 890 kg/ha (Direção de Economia e Estatística 2014).

Cerca de 80% da cultura mundial de amendoim é produzida nos países em desenvolvimento, incluindo a Índia, mas as doenças causadas por vários agentes patogénicos das plantas são um dos principais factores que contribuem para a diminuição do rendimento das vagens. Na Índia, estima-se que mais de 50% das perdas de culturas se devem a agentes patogénicos transmitidos pelo solo. Entre estes, a doença da podridão do caule causada por *S. rolfsii* é um problema importante. Durga *et al.,* (2009) referiram que o efeito da doença do apodrecimento do caule representa, por si só, até 20% de perdas de culturas na região de Rayalaseema de Andhra Pradesh.

O S. rolfsii (Sacc.) é um fungo deuteromiceto (parasita facultativo) que vive no solo e tem uma vasta gama de hospedeiros. Os sintomas primários de uma planta infetada com podridão do caule são a murchidão das folhas da planta. Inicialmente, o agente patogénico infecta a parte basal do caule, formando micélio esbranquiçado, e espalha o micélio pela raiz, folha e vagem da planta. Mehan e McDonald (1990) referiram que as plantas de amendoim eram maioritariamente infectadas perto da superfície do solo e atingiam as vagens, causando danos graves nas vagens e nas estacas. Asghari e Mayee (1991) identificaram um crescimento micelial esbranquiçado (corpos escleróticos semelhantes a sementes de mostarda) na região do colo.

A gestão dos agentes patogénicos fúngicos transmitidos pelo solo é a mais difícil devido à longa sobrevivência e à vasta gama de hospedeiros do agente patogénico. Assim, o controlo biológico é uma abordagem alternativa para gerir os agentes patogénicos das plantas transmitidos pelo solo na agricultura moderna. Papavizas (1985) observou que a gestão integrada de doenças ajuda a suprimir a gravidade das doenças e protege o ecossistema agrícola. Umamaheswari *et al.,* (2002) opinaram que a utilização de produtos químicos pode levar à poluição ambiental e à resistência das pragas, pelo que, em vez de utilizar pesticidas, o desenvolvimento de potenciais agentes de controlo biológico pode controlar o agente patogénico.

Existem certas estratégias de gestão do biocontrolo para reduzir os danos causados por *S. rolfsii,* tais como *Trichodermaspp.*(Muthamilan e Jayarajan, 1992; Sai *et al.,* 2010; Krishnasatya *et al,* 2013), pseudomonadas fluorescentes (Shivanibhatia *et al.,* 2005; Natedara Chanutsa *et al.,* 2014) e controlo fungicida (Dhamnikar e Peshney, 1982; Doley *et al.,* 2014) foram relatados como benéficos na inibição do crescimento de *S. rolfsii*.

Atualmente, o isolamento de antagonistas da rizosfera e dos endófitos das raízes é de grande utilidade. A gestão de doenças do solo utilizando organismos endofíticos é um dos recursos inexplorados que têm atividade potencial para actividades antibacterianas e antifúngicas. Os potenciais agentes de biocontrolo são importantes porque *o Trichoderma* é um saprófito que produz enzimas como a quitinase e as enzimas celulolíticas, que actuam como mecanismos de biocontrolo contra agentes patogénicos fúngicos, para além da antibiose e da competição. As enzimas produzidas por *Trichoderma* degradam os polímeros de quitina da parede celular dos fungos e estão a ser utilizadas para o controlo biológico de doenças fúngicas (Prabavathy, *et al.*,2006; Fahmi *et al.*, 2012; Kushwaha *et al.*, 2014). Devido à sua vasta gama de hospedeiros, natureza destrutiva e extensa adaptabilidade ambiental, uma abordagem integrada que inclua os antagonistas nativos tolerantes a fungicidas isolados de sementes e endófitos de raízes parece ser a solução possível para a gestão eficaz da podridão do caule. Os endófitos exercem uma atividade antagonista contra os fitopatógenos, penetrando nos tecidos das plantas através de aberturas naturais, utilizando enzimas hidrolíticas como a celulose e a pectinase (Hallmannet *al.*, 1997).

As técnicas de marcadores moleculares baseadas no ADN tornaram-se instrumentos poderosos e exactos para a identificação e análise da diversidade genética. Existem vários sistemas de marcadores, como o ADN polimórfico amplificado ao acaso (RAPD), o polimorfismo de comprimento de fragmentos de restrição (RFLP), etc., para detetar polimorfismos. A abordagem do ADN polimórfico amplificado aleatório (RAPD) baseada na reação em cadeia da polimerase (PCR) tem sido uma técnica alternativa prática e conveniente para a investigação da variação genética (Welsh e Mcclellnad, 1990; Williams *et al.*, 1990).

Devido à natureza das sequências de iniciadores, a análise RAPD de amostras genómicas tem sido utilizada com êxito na construção de mapas de ligação. Sendo simples e não radioactiva, a técnica é bastante sensível e utilizada para detetar variações genéticas em muitos organismos. Estas técnicas moleculares também ajudarão a desenvolver marcadores de Regiões Amplificadas Caracterizadas por Sequência (SCAR) para o diagnóstico de potenciais agentes de biocontrolo no futuro.

Assim, a presente investigação foi realizada com os seguintes objectivos: explorar a viabilidade da utilização de agentes de biocontrolo juntamente com fungicidas para a gestão da podridão do caule do amendoim provocada por *S. rolfsii*. Os outros aspectos incluíram a caraterização molecular de potenciais agentes de biocontrolo.

A presente investigação foi levada a cabo com os seguintes objectivos

1. Levantamento da incidência da podridão do caule do amendoim nas principais regiões de cultivo de amendoim de Andhra Pradesh.
2. Isolar o agente patogénico *S. rolfsii* e comprovar a sua patogenicidade.
3. Isolar antagonistas da rizosfera/endófitos de plantas de amendoim saudáveis recolhidas durante o estudo.
4. Avaliar os antagonistas contra o agente patogénico *S. rolfsii in vitro.*
5. Testar a compatibilidade entre potenciais agentes de biocontrolo e fungicidas.
6. Caracterizar os potenciais agentes de biocontrolo por 16S rDNA e RAPD,

respetivamente.

7. Proceder à multiplicação em massa e ao desenvolvimento de formulações à base de talco de potenciais agentes de biocontrolo.

8. Desenvolver estratégias de gestão da podridão do caule do amendoim com integração de agentes de biocontrolo compatíveis e potenciais e fungicidas padrão em condições de estufa.

CAPÍTULO 2
Revisão da literatura

O apodrecimento do caule do amendoim é alternativamente designado por podridão radicular, míldio meridional, bolor branco, apodrecimento do caule e a murchidão formada por esclerócios está generalizada em diferentes regiões de cultivo do amendoim. Várias espécies de plantas foram infectadas pelo agente patogénico *S. rolfsii* nascido no solo. Afecta quase 500 espécies, incluindo o amendoim, o feijão verde, o feijão-de-lima, o feijão de jardim, o tomate, a batata, a batata-doce, a cebola, o pimento e a melancia (Aycock, 1966). Este agente patogénico infecta perto da superfície do solo e chega até ao nível das vagens, causando danos graves nas mesmas, tal como referido por Mehan *et al.*, 1995. Pela primeira vez na Índia, Butler e Bisby (1931) investigaram a ocorrência do agente patogénico *S. rolfsii* infecta diferentes culturas de cereais (trigo, arroz, ragi, jowar, sorgo, milho e cevada) e também sementes oleaginosas (amendoim, cártamo e mostarda, girassol, sésamo, soja), leguminosas (grama vermelha, feijão-frade e grão-de-bico) e produtos hortícolas (malagueta, pimentão, tomate, batata-doce, cucurbitáceas).

2.1 Organismo causal

Na Florida, Rolfs Peter Henry (1892) registou pela primeira vez a doença de *S. rolfsii* no míldio do tomateiro. Mais tarde, Saccardo (1911) designou o agente patogénico como *S. rolfsii* e caracterizou o fungo sem esporos assexuados. Curzi (1931) designou *Corticium rolfsii* (Sacc.) na fase basidial ao nível da cultura e só mais tarde West (1947) mudou para *Pellicularia rolfsii* (Sacc.). Na natureza, a fase basidial raramente é encontrada e, na prática comum, é designada como fase esclerocial.

Tabela 2.1: Taxonomia de *S. rolfsii* (Sacc.)

Reino Unido	Mycota
Divisão	Eumycota
Subdivisão	Deuteromicotina
Formulário - classe	Agonomycetes
Formulário - encomenda	Agromicetos

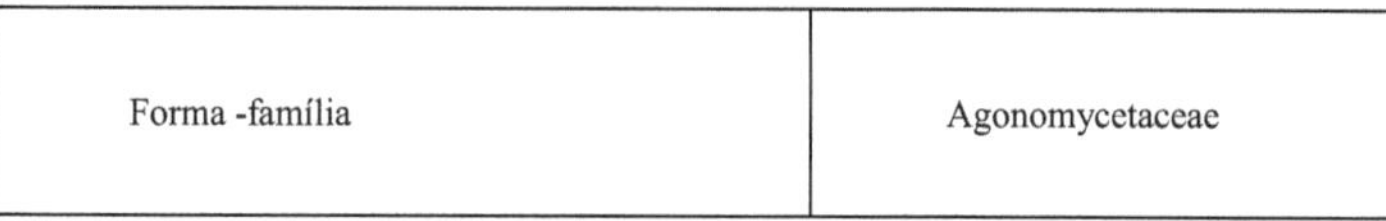

Forma -família	Agonomycetaceae

2.1.1 Morfologia

Os caracteres morfológicos do agente patogénico são de cor branca sedosa, transformando-se mais tarde em estruturas em forma de leque de penas brancas e baças. O agente patogénico *S. rolfsii*, quando observado ao microscópio, assemelha-se a hifas septadas de paredes finas e, na sua maioria, a micélio ramificado que apresenta ligações em forma de pinça. Após atingirem a maturidade, estes nós miceliais transformam-se em esclerócios duros, semelhantes a sementes de mostarda, de cor castanha escura ou preta acastanhada, brilhantes, duros e de forma esférica a irregular (Durgaet *al.*, 2008, Gayathri *et al.*, 2010 & Reddi Kumar *et al.*, 2014).

Anamika Tiwari (2001) isolou *S. rolfsii* da folhagem infetada de castanheiro (*Trapa bispinosa*) em PDA e verificou que o fungo produzia micélio branco e fofo com esclerócios redondos castanhos dispersos na parte afetada.

Kamlesh e Sharma (2002) testaram a patogenicidade de *S. rolfsii* em bolbos de cebola e observaram que o fungo produziu um crescimento micelial espesso e branco e, em três dias, desenvolveu corpos esclerócios de cor branca a castanha na cultura.

Baswaraj (2005) referiu que os sintomas da murchidão da batateira produzidos por *S. rolfsii* mostravam um amarelecimento caraterístico das folhas, a murchidão das plantas e a produção de corpos esclerócios de cor branca a cremosa, redondos a esféricos, nos tubérculos infectados.

Basamma (2008) referiu que os corpos escleróticos eram de cor branca e mais tarde tornaram-se de cor castanha e os esclerócios maduros eram esféricos a elipsoidais.

Hemalatha *et al.*, (2009) isolaram o agente patogénico *S. rolfsii* da beterraba sacarina. O agente patogénico produziu filamentos espessos de micélio branco e, numa fase avançada, foram produzidos corpos esféricos castanho-escuros no micélio esbranquiçado e cotonoso.

Thilagavathi Rasu *et al.*, (2013) isolaram o agente patogénico *S. rolfsii* da beterraba sacarina.

2.1.2 Estrutura dos esclerócios

O fungo fitopatogénico *S. rolfsii*, transmitido pelo solo, forma esclerócios castanhos que são estruturas compactas muito bem organizadas, constituídas por três camadas: a casca, composta por células melanizadas vazias; as células do córtex, cheias de vesículas e a medula (Chet, 1975).

As fases de desenvolvimento dos esclerócios, nomeadamente o desenvolvimento inicial e a maturidade dos esclerócios, foram estudadas por Flora Zarani e Christas (1997). O tamanho dos esclerócios foi relatado como variando de 0,1 a 3,00 mm (Ansari e Agnihotri, 2000; Anahosur, 2001; Rajyalakshmi, 2002; Arunasri, 2003; Palaiah e Adiver, 2006).

2.2 Distribuição e importância económica de *S. rolfsii*

A podridão do caule é mais grave em certos estados dos EUA, com uma perda média de rendimento de vagens que varia entre 10-25% e uma perda máxima de até

80% em campos infectados (Bowen *et al.*, 1992). No entanto, a intensidade das perdas difere consoante a zona geográfica, o tipo de solo e as práticas de cultivo (Cooper, 1961). Na Índia, a podridão do caule é observada em todos os estados produtores de amendoim, com uma perda média de rendimento de 25% (Mayee e Datur, 1998) e uma perda de 27% no número e peso das vagens, de 23 e 38%, respetivamente (Singh e Mathur, 1953). Adiver (2003) referiu que a perda de rendimento de 15 a 70% no amendoim se deveu a manchas foliares, ferrugem e podridão do caule, isoladamente ou em combinação.

Entre os agentes patogénicos transmitidos pelo solo registados na Índia, *S. rolfsii*, que causa a podridão radicular da beterraba sacarina (*Beeta vulgaris* L.), é o mais grave. Causa até 55% de apodrecimento das raízes em condições ambientais adequadas, tornando-as impróprias para a extração de açúcar (Srikanth e Raj, 1995).

Maiti e Sen (1982) estimaram a perda devida à podridão do colo causada por *S. rolfsii* na videira de betel em 25-90% em vários distritos de Bengala Ocidental.

A podridão do colo do amendoim causada por *S. rolfsii* provoca uma perda considerável de rendimento. Causa 25 por cento de mortalidade de plântulas nas cultivares JL-24 em Parbhani (Ingale e Mayee, 1986).

O agente patogénico foi relatado como causador de grandes perdas económicas em várias culturas. Foram registadas grandes perdas em campos de batata devido à murcha esclerótica, variando entre 5-40% em Pune (Dutt *et al.,* 1971) e cerca de 33% de perda de rendimento (Bisht, 1982).

Anahosur *et al.,* (1998) estimaram perdas em diferentes variedades de batata na ordem dos 25-90% no Norte de Karnataka e registaram 1-40% de murchamento das plantas de batata e até 25% de infeção dos tubérculos no armazenamento.

Thiribhuvanamala *et al.,* (1999) observaram que, na cultura do tomate, 30% das perdas eram devidas a *S. rolfsii.*

5. rolfsii causou 40-50 por cento de mortalidade de plântulas em crossandra do distrito de Chittoor de Andhra Pradesh (Harinath Naidu, 2000).

Gupta e Ashusharma (2004) referiram que a incidência da podridão da coroa do feijão francês causada por *S. rolfsii* variava entre 11-56 por cento no distrito de Solan de Himachal Pradesh.

Durga e *al.,* (2009) relataram que a incidência da doença da podridão do caule causada por *S. rolfsii* no amendoim variou de 1 a 85 por cento em diferentes partes desses distritos.

2.3 Sintomatologia

5. rolfsii induz uma variedade de sintomas em diferentes plantas hospedeiras, tais como o míldio das plântulas, a podridão radicular, a podridão do colo, a podridão do caule, a murchidão, etc. (Quadro 2.2)

Quadro 2.2: Os principais sintomas de doenças em determinadas culturas importantes provocadas por *S. rolfsii* são apresentados em seguida:

Cultura	Sintomas	Referências

Allium sativum	Os sintomas iniciais foram lesões encharcadas de água que se tornaram moles e depois apodreceram os caules e os bolbos	JinHyeuk (2010)
Amorphophallus paeonifolius (Denmst) Nicholson	Podridão do colarinho e podridão do pé	Srinivasulu *et al.,* (2005)
Arachis hypogaea L.	Podridão pré-emergente das sementes, podridão do caule após amarelecimento e murchidão dos ramos, micélio esbranquiçado nas zonas infectadas, lesões nas estacas, vagens e raízes.	Rajani (2004)
Arachis hypogaea L. *Solanum lycopersicum* L. *Solanum melongena* Mill. *Solanum tuberosum* L. *Amorphophallus paeoniifolius* (Dennst.) Nicolson	Apodrecimento do colarinho	Asish e Bholanath (2014)

Crossandra infundibiliformis L.	Raízes escuras, encolhidas e de cor castanha, descoloração amarela a rosa das folhas e secagem das plantas (podridão do colo)	Harinath Naidu (2000)
Cyamopsis tetragonoloba(L.) Taub	Podridão radicular na fase de plântula, murchamento das plantas infectadas com descoloração vascular.	Chakravarthy *et al.*, (2005)
Helianthus annus L.	Podridão do colarinho e lesões na base do caule, amortecimento, micélio cotonoso branco com fios roliços na base da podridão do colarinho.	Chakravarthy e Bhowmik (1983) Santha lakshmi Prasad (2012)
Lycopersicum esculentum L.	Podridão do colo/raiz e murchidão das plântulas, amortecimento pré e pós-emergência.	Pranab Dutta e Das (2002)

Mentha piperita L. (Hortelã-pimenta)	Foram encontrados corpos esclerócios semelhantes a mostarda, de cor castanha escura, aderentes ao crescimento micelial do caule afetado e na região do colo. Micélio branco cotonoso na região do colarinho.	Arjunan (2013)
Phaseolus vulgaris L.	Lesões castanhas escuras embebidas em água no caule na região do colo, amarelecimento das folhas, produção de bolor branco intercalado com esclerócios na base do caule, na superfície inferior das folhas e nas vagens.	Gupta e Ashusharma (2004)
Piper betle L.	Apodrecimento na zona do colarinho	Singh *et al.*, 2003
Pyrus malus L.	Bronzeamento da folhagem, presença de micélio emplumado na região do colo e na superfície da raiz, acabando por matar as plântulas.	Sonali e Gutpa, (2004)

Solanum melongena Linn.	As raízes estão infectadas e tornam-se castanhas escuras na parte basal do caule. (podridão do pé)	Shridha C *et al.*, (2013)
Solanum tuberosum L.	Aparecem lesões castanhas escuras no caule, na região do colo, seguidas de murchidão das plantas	Anahosur (2001)

2.4 Isolamento do agente patogénico

5. rolfsii pode ser isolado de diferentes partes da planta, *nomeadamente* sementes e plântulas doentes (Shivaniet *al.*, 2005), tecido vegetal (Rajyalakshmi, 2002, Yellagoud 2011), região do colo (Narasimhaet *al.*, 2001), caule (Kajalkumar e Chitreswarsen, 2000), raiz (Harinath Naidu, 2000), folhas e vagens (Gupta e Ashusharma, 2004), tubérculo (Anahosur, 2001) e fruto (Mohan *et al.*, 2000).

1.1.1 Manutenção do agente patogénico

Narain e Mishra (1979) isolaram o agente patogénico *S. rolfsii* de ragi e mantiveram-no em ágar de extrato de malte e apoiaram a produção de scleorotia com base no seu tamanho e número (Harinath, 2000; Pranab Dutta e Das, 2002; Gupta e Ashusharma, 2004; Gaur *et al*, 2005; Raoof *et al.*, 2006, Rekha 2008, Rakh, 2011,Tortoe e Clerk ,2012, Arjunan e Arjunan 2013, Doley e Paramjit, 2013, Shridhaet *al.*, 2013). *S. rolfsii* também pode ser mantido em meio de ágar sacarose de batata (Ramarao e Usharaja, 1980).

2.5 Testes de patogenecidade

As plantas foram artificialmente inoculadas com o agente patogénico através de diferentes métodos. Os esclerócios de *S. rolfsii* foram misturados com o solo do campo (Srikanth Das e Raj, 1995; Rajyalakshmi, 2002).

O micélio do patogéneo *S. rolfsii* foi inoculado no solo e relatado por Amarsingh e Dhanbir Singh (1994), Kajal Kumar e Chitreswarsen (2000), Anahosur (2001), Gupta e Ashusharma (2004), e Hemalatha *et al.*, (2009), Gayathri *et al.*, 2010,Rakh, 2011, Doley e Paramjit Kaur, 2013.

O inóculo de imersão de raízes de plântulas foi utilizado para induzir a murcha esclerótica no pimentão (Anitha Chowdary, 1997).

O tapete micelial do agente patogénico de 5 mm foi colocado na base do solo da planta e coberto com um saco de polietileno (Ansari e Agnihotri, 2000).

2.5.1 Efeito da densidade de inóculo na incidência da doença do apodrecimento do caule

Fouzia yaqub e Saleem Shahzad (2005) estudaram o efeito de diferentes densidades de inóculo de *S. rolfsii* nos parâmetros de crescimento das plantas de girassol e referiram que os níveis de inóculo (0,1, 1,5 e 10 esclerócios g^{-1}) de *S. rolfsii* no solo e os parâmetros de crescimento das plantas (altura das plantas, peso e peso dos rebentos, etc.) estavam negativamente correlacionados.

Farahnaz (2006) avaliou três cultivares de batata (Cardinal, Desiree e SH-216-A) e duas linhas (TPS-9813 e CIP-393574-61) contra três níveis de inóculo de *R.solani no* solo, ou seja, 10 g, 15 g e 20 g, e observou que a inibição máxima da germinação por cento dos olhos foi registada na dose de 20 g de inóculo/vaso, que é a melhor.

Azhar Hussain *et al.,* (2006) realizaram uma experiência sobre os factores que influenciam o desenvolvimento da podridão do colo do grão-de-bico provocada por *S. rolfsii* e referiram que existia uma correlação positiva entre a gravidade da doença e as concentrações de inóculo (3-20 g/560 g de solo), em que a mortalidade das plântulas aumentava com o aumento da carga de inóculo.

2.5.2 Multiplicação em massa de *S. rolfsii*

5. rolfsii foi multiplicada em massa em meio de farinha de milho e areia (Kishanet *al.,* 1982; Maiti e Sen, 1982; Harinath, 2000; Kajalkumar e Chitreswarsen, 2000; Anahosur, 2001; Pranab Dutta e Das, 2002; Rajyalakshmi, 2002).

6. rolfsii do isolado de amendoim foi multiplicado em grãos de sorgo esterilizados, pré-embebidos durante a noite numa solução de sacarose a 2 por cento (Upadhyay e Mukhopadhyay, 1986).

Asghari e Mayee (1991) multiplicaram *S. rolfsii* em cascas de amendoim. Amarsingh e Dhanbir Singh (1994) multiplicaram *S. rolfsii* de brinjal em farelo de trigo e adicionaram ao solo 10 g/kg.

Prasad *et al.,* (1999) multiplicaram em massa o inóculo de *S. rolfsii* em farelo de trigo-vermiculite húmida (1:1 w/w). Grãos de sorgo esterilizados foram usados para a cultura em massa de *S. rolfsii* do isolado de amendoim (Umamaheswari *et al.,* 2002; Patibanda *et al.,* 2002). O meio de farinha de milho com areia foi utilizado para a multiplicação em massa de *S. rolfsii* (Rajani *et al.,* 2006, Anahosur 2001, Pranab Dutta e Das 2002).

Umasingh e Thapliyal (1998) multiplicaram um isolado de *S. rolfsii* de soja em grãos de sorgo embebidos durante a noite numa solução de sacarose a 2 por cento (Upadhyay & Mukhopadhyay, 1986; Saralamma e Vittal Reddy, 2005; Anitha Chowdary *et al.,* 2000).

Narasimha Rao *et al.,* (2004) multiplicaram em massa *S. rolfsii* de batata em meio de farinha de milho e areia.

2.6 Isolamento de potenciais agentes de biocontrolo

Amar Singh e Dhanbir Singh (1994) recolheram 54 isolados de fungos e bactérias de solo naturalmente infestado por *S. rolfsii*, dos quais seis fungos foram considerados antagónicos a *S rolfsii.*

Ray e Mukerjee (1997) recolheram três isolados de *Bacillussp.* viz., S 12-Bacillus, *S17-Bacillus* e *S11-Bacillus* do solo da rizosfera do amendoim.

Larkin e Fravel (1998) isolaram um total de 180 isolados, incluindo 120 bactérias e 60 fungos de raízes de tomate e do solo da rizosfera.

Saralamma (2000) isolou 12 espécies diferentes de fungos e bactérias da rizosfera de quatro cultivares de amendoim, nomeadamente, *Aspergillus niger, A. flavus, A. terreus, A. ustus, Rhizopus stolonifer, Pencillum expanicum, Fusarium oxysporum, Acremmium strictum, Trichoderma harzianum, S. rolfsii, Xanthomonas sp.* e *Streptomyces sp.*

Ray *et al.,* (2002) isolaram duas estirpes de *Bacillus* sp. i.e. S12 e S17 de solos da rizosfera de amendoim.

Charitha e Reddy (2003) isolaram cinco *Trichoderma sp* e *Pseudomonas sp* da rizosfera do amendoim contra *S. rolfsii.*

Dey *etal.,* (2004) isolaram quatro isolados de rizobactérias da rizosfera do amendoim, a saber, PGPRl, PGPR2, PGPR4 e PGPR7 (todos psuedomonados fluorescentes) contra *S. rolfsii.*

Pham e Annapurna (2004) isolaram 65 endófitos bacterianos de diferentes regiões de tecidos de duas espécies de soja (*Glycine max e G. soja).*

Kishore *et al.,* (2005) avaliaram 393 estirpes bacterianas associadas ao amendoim para o controlo da doença da podridão do caule. Os endófitos de sementes de amendoim *Pseudomonas aeruginosa* GSE-18 e GSE-19 reduziram a mortalidade das plântulas em 54 e 58 por cento, respetivamente.

Kishore *et al.,* (2005) avaliaram bactérias de seis habitats de amendoim quanto à sua atividade antifúngica de largo espetro contra 8 agentes patogénicos fúngicos, incluindo *S. rolfsii.* As *Pseudomonas* spp. GRS 175, *P.aeruginosa* GPS 21, GSE 18, GSE 19 e GSE 30 foram altamente antagónicas a todos os fungos testados.

Ziedan (2006) isolou endófitos de raízes saudáveis de amendoim e descobriu que *Bacillus subtilis* (No:1) colonizou abundantemente a raiz de amendoim do que *P.fluorescens* e controlou eficazmente as doenças de podridão da raiz e da vagem.

Chandra *et al.,* (2007) isolaram uma estirpe bacteriana *Mesorhizobium loti* MP6 de nódulos radiculares de *Mimosa pudica,* que mostrou um forte efeito antagonista contra *Sclerotinia sclerotiorum* na técnica de cultura dupla.

Tonelli (2010) isolou 193 bactérias endofíticas de plantas de amendoim e testou a sua atividade antagonista contra 4 agentes patogénicos do amendoim, incluindo *S. rolfsii.* Os isolados BREP 25, BTEP 19 e BTEP 24 foram altamente antagónicos a todos os fungos testados.

Rakh (2011) isolou 11 *Pseduomonas* sps do solo da rizosfera do amendoim, das quais *Pseudomonas cf. monteilii 9* inibiu *S.rolfsii.*

Aliyu e Oyeyiola (2011) isolaram seis espécies bacterianas do solo da rizosfera do amendoim e estas foram identificadas como *Pseudomonas aeruginosa, Pseudomonas fluorescens, Bacillus cereus, Bacillus subtilis, Proteus vulgaris e Klebsiella pneumonia.*

Radhaiah *et al.,* (2012) isolaram sessenta isolados de *Pseudomonas* spp. isolados de solos da rizosfera.

Charitha Devi e Sreedevi (2012) isolaram 10 *Pseudomonas fluorescens* do solo da rizosfera de plantas de amendoim.

Manivannan *et al.,* (2012) isolaram dez isolados bacterianos (PGB1, PGB2, PGB3, PGB4, PGB5, PGT1, PGT2, PGT3, PGG1 e PGG2) do solo da rizosfera de plantas de arroz, entre estes isolados PGB4, PGG2 e PGT3 actuaram como biofertilizante que aumenta o crescimento da planta de arroz.

Darvin (2013) recolheu e isolou três *Trichoderma* spp., dois isolados de *Pseudomonas fluorescens* e um *Bacillus subtilis* do solo da rizosfera de plantas de amendoim.

Masoomehet *al.,*(2014) isolaram isolados bacterianos entre os quais quatro géneros *Bacillus* e quatro isolados de géneros *streptomyces* foram seleccionados para avaliar contra *S. rolfsii.*

Ravindra e Sanjay (2016) isolaram 120 isolados bacterianos de *Bacillus* rizosférico, entre os quais o isolado *Bacillus 57* foi considerado eficaz contra a podridão do caule causada por *S.rolfsii* do amendoim.

2.6.1 Avaliação *in vitro* da eficácia dos antagonistas contra *S. rolfsii*

O interesse mundial pelo grupo *das Pseudomonas* como agentes de biocontrolo foi desencadeado por estudos iniciados na Universidade da Califórnia, Berkeley, durante a década de 1970 (Weller, 1988).

Ganesan e Gnanamanickam (1987) referiram que estirpes nativas de *Pseudomonas fluorescens* restringiam o crescimento micelial de *S.rolfsii* em placas de ágar. Os esclerócios apresentaram uma perda de germinação de 10 - 20% após imersão numa suspensão de células bacterianas durante uma hora e de 50 - 60% após uma semana.

Elangovan e Gnanamanickam (1992) referiram que, *na* antibiose *in vitro* de isolados da rizosfera de *Pseudomonas fluorescens* contra *Sclerotium oryzae,* das 85 estirpes analisadas, dezanove eram mais eficazes do que outras e causavam zonas de inibição que variavam entre 6,0 e 30,0 mm de diâmetro.

O antagonismo *in vitro* de *T.harzianum* contra *S. rolfsii* foi registado por Pushpavathi e Rao (1999).

Narasimhaet *al.,* (2001) testaram o potencial antagonista dos filtrados de cultura de *T. konigii, T. harzianum, T. viride, G. virens, Penicilliumspp. A. niger, P. fluorescens* contra o *S. rolfsii* isolado da batata e observaram que os filtrados de cultura filtrados e esterilizados de *P. fluorescens* mostraram uma inibição máxima do crescimento micelial de *S. rolfsii* seguido de *T. harzianum.*

Rajeev Pant e Mukhopadhyay (2001) estudaram o antagonismo de um isolado de *G. virens* e de três isolados de *T. harzianum* contra os agentes patogénicos *viz.,* Rhizoctonia *solani, S. rolfsii, Macrophomina phaseolina* e *Fusarium* spp. e referiram que *G. virens* e T. *harzianum-3* superaram completamente as colónias de *S. rolfsii.*

Rajyalakshmi (2002) observou que *T. viride* e *T. harzianum* foram eficazes na redução do crescimento micelial de *S. rolfsii* isolado de amendoim, tomate e crossandra. Também foi observado que esses antagonistas reduziram significativamente a produção de escleródios em cultura dupla.

Arunasri (2003) testou o antagonismo de 4 isolados de *Trichoderma, Rhizopus* spp. *A.niger, A.flavus, Penicillium* spp. e três isolados de bactérias contra um isolado de crossandra de *S. rolfsii* e verificou que, de entre toda a micoflora e bactérias antagonistas, o isolado-T1 de *Trichoderma* foi eficaz na inibição do crescimento micelial de *S. rolfsii* em 69,76% e da população de esclerócios em 90,86%.

Narasimha *et al.,* (2004) testaram o antagonismo de *T.harzianum*, *T.viride*, *P.fluorescens*, *T.koningii*, *Gliocladium virens*, *A. niger* e *Penicillium* spp. contra *S. rolfsii*. Observaram uma inibição máxima do crescimento micelial de *S. rolfsii* (81,10%) por *T.harzianum* e uma redução da produção de esclerócios em 96,2%.

Sonali e Gupta (2004) avaliaram a eficácia *in vitro* de fungos, bactérias e actinomicetos isolados do solo quanto à sua atividade antagonista contra *S. rolfsii* através da técnica de cultura dupla e referiram que *Bacillus* spp. foi eficaz na redução do crescimento micelial radial de *S. rolfsii* em 77,41%.

Shivani Bhatia *et al.,* (2005) testaram o antagonismo de 10 estirpes de pseudomonas fluorescentes contra *S. rolfsii* através da técnica de cultura dupla e verificaram que as estirpes PS I e PS II inibiram o crescimento de *S. rolfsii* em 73 e 70 por cento, respetivamente.

Karthikeyanet *al.,* (2006) testaram o antagonismo de *Trichoderma viride* & *Pseudomonas fluorescens* contra *S. rolfsii* através da técnica de cultura dupla e verificaram que o isolado Tv1 de *T. viride* inibiu o crescimento de *S. rolfsii* em 69,40%, respetivamente.

Hemalatha *et al.,* (2009) avaliaram a eficácia *in vitro* de onze fungos e bactérias antagonistas nativos isolados do solo da rizosfera da beterraba sacarina quanto à sua atividade antagonista contra *S. rolfsii* através da técnica de cultura dupla e referiram que *Trichoderma* (T2) inibiu o crescimento micelial máximo e a população esclerocial de *S. rolfsii* em 81,88% e 89,21%, respetivamente. Entre as bactérias, *P.fluorescens* (B1) mostrou uma inibição máxima do crescimento micelial e da população esclerótica em cerca de 75,06 e 90,47%, respetivamente.

Rakh (2011) avaliou a eficácia *in vitro* de bactérias isoladas do solo quanto à sua atividade antagonista contra *S. rolfsii* através da técnica de cultura dupla e referiu que *Pseudomonas cf. monteilii* 9 foi eficaz na redução do crescimento micelial radial de *S. rolfsii* em 94%.

Radhaiah (2012) relatou que entre sessenta isolados bacterianos, ANT5 (100%), ANT11 (100%), KDP6 (100%), TPT15 (100%) e TPT17 (100%) foram predominantemente agressivos na inibição do crescimento micelial do *S. rolfsii em* cultura dupla.

Rekha (2012) isolou 44 *Trichoderma* sps e 10 *Trichoderma* sps foram eficazes na redução do crescimento micelial de *S. rolfsii* isolado de amendoim, observou-se também que estes antagonistas reduziram significativamente a produção de esclerócios em cultura dupla.

Ganesan (2012) testou o antagonismo de 11 isolados de *Pseudomonas* spp. contra um isolado de *S. rolfsii* e verificou que, de entre todos os isolados bacterianos antagonistas, sete eram eficazes na inibição do crescimento micelial de *S. rolfsii* até 68%.

Bhuiyan e Rahman (2012) testaram os bioagentes através da técnica de cultura dupla e descobriram que o TH-18 de *T. harzianum* inibiu o crescimento de *S. rolfsii* em 83,06%, respetivamente.

Darvin (2013) avaliou a eficácia *in vitro* de fungos, bactérias e actinomicetos isolados do solo quanto à sua atividade antagonista contra *S. rolfsii* através da técnica de cultura dupla e referiu que *Bacillus* spp. foi eficaz na redução do crescimento micelial radial de *S. rolfsii* em 48,89% por cento.

Jacob *et al.,* (2016) isolaram alguns actinomicetos *sp.* de solos rizosféricos de amendoim e relataram que o isolado RP1A-12 foi eficaz na redução do crescimento micelial radial de *S. rolfsii* em 69% por cento.

2.7 Efeito de metabolitos voláteis e não voláteis de potenciais bactérias antagonistas contra *S. rolfsii*

Dube (2001) descreveu o mecanismo de supressão de doenças por rizobactérias. Afirmou que as rizobactérias antagonizam os agentes patogénicos transmitidos pelo solo através da produção de antibióticos ou enzimas líticas (quitinases) e através da competição por nutrientes, nomeadamente pelo ferro, bem como através da indução de resistência sistémica na planta contra a infeção subsequente pelo agente patogénico.

Meena *et al.,* (2001) referiram que a aplicação combinada do tratamento de sementes e da aplicação no solo de uma formulação à base de talco da estirpe *P. fluorescens* (Pf 1) controlou eficazmente a podridão radicular do amendoim produzindo HCN, sideróforo e beta-1,3 gluconase em condições *in vitro.*

Prasannaet *al.,* (2010) isolaram oito estirpes de *Pseudomonas fluorescens* da rizosfera de plântulas de arroz recolhidas em Andhra Pradesh e Tamilnadu. Os metabolitos brutos de um determinado isolado de *Pseudomonas fluorescens* (P.f 003) provocaram uma inibição de 78% contra *Rhizoctonia solani* em comparação com o controlo.

Lakshmi e Ajith (2010) isolaram *Trichoderma sps.* de pimentão afetado pela doença da antracnose incitante de *Colletotrichum capsici.* A autora relatou que os compostos voláteis de *Trichoderma harzianum Sps.* inibiram 67% contra o agente patogénico. *Trichoderma reesei Sps.* @ 50% de concentração de filtrado cultural inibiu 22,9% contra o agente patogénico.

Nagendra e Reddi (2011) isolaram nove *Trichoderma. sps.* de arroz afetado pelo míldio da bainha incitante de *R. Solani.* O filtrado de cultura do isolado TC3 inibiu o crescimento de *R. solani* (70 %).

Ratnakumari *et al.,* (2011) isolaram 12 *Trichoderma sps.* de Mentha *arvensis* L.afetada pela doença da podridão do colarinho causada por *S. rolfsii.* relatou que todos os antagonistas produziram metabolitos não voláteis e inibiram o crescimento micelial de *S. rolfsii.*

Seema e Devaki (2012) isolaram quatro *espécies* de fungos de plântulas de tabaco contra *R. solani.* O estudo dos metabólitos voláteis revelou que *T. viride* e *T. harzianum* inibiram 50% e 40% contra o patógeno R. *solani,* respetivamente.

Thangarajet *al.,* (2012) isolou sete *Trichoderma* do chá afetado pela praga castanha causada por *Glomerella cingulata. Relatou* que os compostos voláteis de T4 inibiram o crescimento de Gc3 (50,0 %) seguido de Gc1 (49,65 %) contra *Glomerella cingulata e* o composto não volátil de *Trichoderma* (T4) inibiu o crescimento do agente patogénico Gc3 numa extensão de 74,28%.

Jeyaseelan *et al.,* (2012) isolaram *Trichoderma sps.* de plantas de tomate afectadas pela doença do *amortecimento* incitante de *Pythium aphanidermatum. Relatou* que o *T. harzianum* inibiu o agente patogénico em 51,7% através da produção de metabolitos voláteis.

Perveen e Bokhari (2012) isolaram *Trichoderma sp.* de plantas de tomate afectadas pela podridão radicular causada por *F. solani*. Relatou que os ensaios de metabolitos voláteis de *T. harzianum* foram mais eficazes na supressão do crescimento de 38,1% do agente patogénico. Os filtrados de cultura de *T. harzianum* inibiram o crescimento de *F. solani* em 21,3 %.

Krishnasatya *et al.,* (2013) isolaram dez *Trichoderma sps.* do amendoim afetado pela podridão do caule incitante de *S. rolfsii*. Relatou que os compostos voláteis de T1 inibiram 70% do crescimento do agente patogénico quando comparados com compostos não voláteis a 50% de concentração Os isolados T1 e T5 inibiram o agente patogénico a 100%, respetivamente.

Nawar (2013) avaliou o efeito do filtrado cultural em concentrações de 12,5, 25% e 50%. Ele relatou que *T. harzianum* isolado da batata inibiu o patógeno em 52,33% contra *S. rolfsii*.

Sitansu e Subhendu (2010) isolaram 10 *Trichoderma sps* contra *Fusarium oxysporum f.sp. radicislycopersici* de diferentes locais de cultivo.
Ele relatou que o isolado T7 inibiu 62,5% contra o agente patogénico através da produção de metabolitos voláteis, enquanto o isolado T10 retardou o crescimento do agente patogénico através da produção de substâncias não voláteis a 10% de concentração.

Dineshet *al.,* (2014) isolaram *Trichoderma harzianum PBT 23 sps.* específico de diferentes culturas. Ele relatou que *o Trichoderma harzianum PBT 23 sps* inibiu o crescimento micelial do patógeno em 98,4% contra *S. rolfsii*, produzindo metabólitos voláteis.

2.7.1 Compatibilidade de potenciais antagonistas com fungicidas.

Subramanian (1964) analisou a eficácia dos fungicidas *in vitro* contra o isolado de *S. rolfsii* do amendoim, utilizando a técnica do alimento envenenado e do frasco de solo. Fungicidas como o ceresan húmido (10000 e 1000 ppm), o composto Cheshunt (100 e 1000 ppm) e o PCNB (100 e 1000 ppm) revelaram-se fungitóxicos quando testados pela técnica do alimento envenenado. O estudo em frascos de solo revelou que o ceresan na concentração de 1000 ppm tem um bom efeito fungicida.

Agnihotri *et al.,* (1975), testaram *in vitro* que demosan, vitavax e PCNB (quinotozeno) em concentrações mais baixas eram mais eficazes na restrição do crescimento de *S. rolfsii*, que causa a podridão radicular da beterraba sacarina, do que captan, thiram ou benlate. Os esclerócios foram mais resistentes aos fungicidas do que o micélio. No solo, o vitavax produziu um efeito fungicida, enquanto o quintozeno foi fungistático. Este último, quando aplicado (20 kg/ha) no campo antes do aparecimento da doença, proporcionou um controlo eficaz.

Kulkarni *et al.,* (1986) testaram 19 fungicidas contra *S. rolfsii in vitro*. Entre estes fungicidas, o vitavax (carboxina) teve o melhor desempenho e inibiu completamente o crescimento do agente patogénico a 50 ppm, seguido do Bayleton e do Benodonil.

Singh e Dwivedi (1987) referiram que a estreptopencilina, a micostatina e a griseofulvina inibiam o crescimento radial, a viabilidade esclerótica e o peso seco de *S. rolfsii*. O ácido salicílico, o ácido pícrico e o 2, 4-dinotrofenol reduziram o crescimento radial em 90 por cento. O peso seco micelial e a viabilidade dos esclerócios foram significativamente reduzidos com a maioria dos compostos fenólicos testados.

Singh e Dwivedi (1988) referiram que, de entre os 27 pesticidas (14 fungicidas, 7 herbicidas e 6 insecticidas) testados *in vitro* contra *S. rolfsii,* os resultados mais promissores foram obtidos com agrosan GN (acetato de fenil mercúrio + cloreto de etil mercúrio), MEMC (cloreto de 2-metoxi etil mercúrio), brassicol (quintozeno), cloronebe, azoto, atrazina, BHC, lindano e nuvacron (monocrotofos). Nenhum dos compostos foi fungicida para os esclerócios do agente patogénico.

O crescimento micelial e a produção de esclerócios de *S. rolfsii* isolado de amendoins foram completamente inibidos por tolclofos metil e carboxina a 1000 e 2000 ppm e por Kitazin a 200 ppm de sete fungicidas não sistémicos testados, Dithane M-45 (mancozeb) reduziu mais eficazmente o crescimento micelial (Hari *et al.,* 1989).

Narain e Kar (1990) relataram que Thiram (0,3%) e Bavistin (0,15%) impediram completamente o crescimento micelial de *S. rolfsii* em estudos de técnica de alimentos envenenados.

Sahu *et al.,* (1990) estudaram o bioensaio de fungicidas seleccionados para o tratamento de sementes contra S. *rolfsii* em amendoim em condições *in vitro*. Delsan 30 (2-thioyanomethythio benzothiazole), vitavax 75 SD (carboxin), thiram + Bavistin (carbendazim) inibiram completamente o crescimento de *S. rolfsii.* Benlate (benomil) e Captaf (captana) foram moderadamente eficazes, enquanto Jkstein 50 WP e Topsin M (tiofanato-metilo) à base de pó de argila foram ineficazes. Nos ensaios em vasos, a mortalidade pré-emergência foi reduzida para 16,5% após os tratamentos com Bavistin + Thiram, em comparação com um controlo não tratado com 62,5% de mortalidade pré-emergência.

Kammanna *et al.,* (1992) efectuaram testes *in vitro* com determinados fungicidas e relataram que o tradimefon (Bayleton 25 WP) e o clorotalonil (Kavach 75 WP) foram os mais eficazes, seguidos do captafol (Foltaf 80 WP) na inibição do crescimento micelial de *S. rolfsii* (podridão mole do café). O carbendazim e a calda bordalesa foram os fungicidas menos eficazes.

Anitha (1997) efectuou testes *in vitro* com determinados fungicidas e referiu que diferentes concentrações de 50, 100 e 250 ppm de contaf (hexaconazol), concentrações de 100 e 250 ppm de Bayleton (triadimefão) e concentração de 250 ppm de tilt (propiconazol) indicavam que o contaf tinha um bom desempenho, mesmo a uma concentração comparativamente baixa (50 ppm), seguido de Bayleton (100 ppm) contra *S. rolfsii* do pimentão.

Girija Ganeshan (1997) seleccionou onze fungicidas *in vitro* contra *S. rolfsii,* o agente causal da podridão basal do feijão de cacho, dos quais Brassicol (0,2%), Dithane M 45 (0,1%), Foltaf (0,2%) e Thirate (0,2%) foram eficazes na inibição completa do crescimento fúngico.

Akbari e Parakhia (2001) revelaram que o tirame, o mancozebe e o tridemorfe não eram inibidores do *T. harzianum* II e que o carbendazime tinha um maior efeito inibidor sobre a *G. virens* em todas as concentrações testadas.

Upadhyay *et al.,* (2002) relataram que a integração de thiram (revestimento de sementes) e a aplicação no solo de *T. harzianum* foram compatíveis e sinérgicas contra a murcha de *Sclerotium* do amendoim. O tratamento de sementes com antagonista e thiram foi incompatível.

Patibanda *et al.*, (2002) relataram que o tirame inibiu 27,77 e 66,66 por cento do crescimento de *S. rolfsii* do amendoim em concentrações de 50 e 100 pg, respetivamente, em estudos *in vitro*.

Narayana e Srivastava (2003) testaram os fungicidas *in vitro* contra *S. rolfsii* e verificaram que o propiconazol a uma concentração de 250 ppm era eficaz contra o agente patogénico.

Arunasri (2003) testou a eficácia de quatro fungicidas *in vitro* contra *S. rolfsii*. Testou quatro fungicidas, Captan (Captaf 50 WP), propiconazole (Tilt 25 EC), tiofanato-metilo (Roko 70 WP) e thiram (Tagthiram 75 SD) a 50, 100, 250, 500 e 1000 ppm de concentração. Entre eles, o propiconazol foi considerado mais eficaz contra o crescimento de micélios na crossandra.

Saralamma e Reddy (2004) efectuaram estudos sobre a eficácia de diferentes fungicidas vulgarmente utilizados no crescimento radial de *T. harzianum*, um isolado nativo da rizosfera do amendoim. Estes estudos revelaram que o carbendazim inibiu completamente o crescimento de *T. harzianum* a 20 pgml^{-1} seguido de tiofanato metílico a 40 pg ml^{-1} .

Upadhyay *et al.*, (2004) relataram que o carbendazim inibiu 100% do crescimento de *Trichoderma viride* a 25 pg/ml.

Tiwari e Ashoket *al.*, (2004) avaliaram a eficácia *in vitro* de diferentes fungicidas contra *T.harzianum* @ 1500 ppm e relataram que o crescimento micelial de *T.harzianum* foi completamente inibido por carbendizam e hexaconazole @ 1500 pp e a inibição com oxicloreto de cobre foi de até 90 e 41 por cento com mancozeb.

Vijayaraghavan e Abraham (2004) testaram a compatibilidade *in vitro* de *T.harzianum*, *T.viride* e *T.longibrachiatum* com nove fungicidas e descobriram que o mancozeb era compatível com todos os três antagonistas a 0,2, 0,3 e 0,4 por cento.

Poddar *et al.*, (2004) utilizaram uma combinação de fungicidas e agentes de biocontrolo para controlar os agentes patogénicos transmitidos pelo solo como *S. rolfsii* e controlaram com êxito o agente patogénico.

Kishore *et al.*, (2005) referiram que os isolados de *Pseudomonas aeruginosa* GSE-18 e GSE-19 antagonistas de *Phaeosiariopsis personata*, causadora da mancha foliar tardia do amendoim, eram tolerantes à taxa de aplicação no terreno recomendada para o cloratalonil.

Gupta *et al.* (2005) referiram que o carbendazime era incompatível com o isolado TV2 de *Trichoderma viride*, enquanto a carboxina era compatível com o tratamento integrado.

A aplicação combinada de *P. aeruginosa* GSE-18-R tolerante a fungicidas e de tirame melhorou significativamente o controlo do apodrecimento pré-emergente de sementes de amendoim na mistura de vasos infestados com *A. niger* (Kishore *et al.*, 2005).

Naseema Beevi *et al.*, (2005) testaram a compatibilidade *in vitro* de *T.harzianum* com mancozeb, carbendazim e oxicloreto de cobre, constatando que o carbendazim a 0,1 por cento inibiu completamente o crescimento micelial, enquanto o mancozeb e o oxicloreto de cobre mostraram compatibilidade com o antagonista a 0,2 e 0,1 por cento, respetivamente.

Johnson *et al.,* (2008) testaram a compatibilidade *in vitro* de *T. viride e Aspergillus niger com* três fungicidas e descobriram que o hexaconazol era compatível com *T. viride* a 0,1 por cento.

Bindu e Bhattiprolu (2011) avaliaram a eficácia *in vitro* de nove fungicidas contra *S. rolfsii* que incita a podridão radicular seca da malagueta. Estes resultados mostram que o tebuconazol em combinação com carbendazim e mancozebe inibiu eficazmente o crescimento micelial (94,1%).

Radhaiah (2012) avaliou fungicidas contra *S. rolfsiiin vitro*. Entre os fungicidas, o mancozeb inibiu completamente o patógeno a 0,1 e 0,2 por cento.

Bhuiyan e Rahman (2012) avaliaram a eficácia *in vitro* de diferentes fungicidas contra *S. rolfsii* e referiram que o Rovral 50 WP @ 100,200,400 ppm inibiu completamente o agente patogénico até 93,88%.

Reddiet *al.,* (2014) avaliaram a combinação da mistura de fungicidas carbendazim + Mancozeb e Hexaconazole + Zineb @ 250ppm que se revelou eficaz contra o agente patogénico *S. rolfsii*.

Mohammadet *al.,* (2016) avaliaram a utilização combinada do fungicida Bavistin 50 WP e do potencial bioagente *Trichoderma harzianum,* que se revelou eficaz contra o agente patogénico *S. rolfsii,* causador da podridão do pé e da raiz da beringela.

2.8 Multiplicação em massa de potenciais agentes de biocontrolo

Umamaheswari *et al.,* (2002) multiplicaram em massa *P. fluorescens* e *Bacillus subtilis* em King's B e em meio de caldo nutritivo (Padmodaya e Reddy 1998 e Gogoi *et al.,* 2002), respetivamente.

Dibyet *al.,* (2005) multiplicaram em massa *P. fluorescens* em caldo nutritivo a 28°C durante 48 horas.

Muthukumar e Bhaskaran (2007) multiplicaram *P. fluorescens* em caldo King's B à temperatura ambiente (28 ± 2°C) durante três dias (Bora e Deka, 2008).

Rangeshwaran *et al.,* (2008) multiplicaram bactérias endofíticas em caldo de soja tríptico (TSB) num agitador a 150 rpm durante 48h.

2.9 Gestão integrada das doenças

Foram feitas várias tentativas para estudar o efeito combinado de várias medidas de controlo na gestão eficaz das doenças causadas por *S. rolfsii,* tanto em condições de estufa como de campo. O controlo integrado é uma abordagem multidimensional flexível do controlo de doenças que utiliza uma série de componentes de controlo, como estratégias biológicas, culturais e químicas, necessárias para manter as doenças abaixo do limiar económico prejudicial, sem prejudicar o sistema agro-eco. A integração entre medidas de controlo cultural, químico e biológico foi tentada por vários trabalhadores para melhorar a eficiência da gestão das doenças.

Upadhyay e Mukhopadhyay (1986) referiram que a aplicação integrada no solo de *T. harzianum* (6g kg^{-1} solo) e PCNB (5mg kg^{-1} solo) resultou numa redução de 80 por cento da doença da podridão radicular da beterraba sacarina causada por *S. rolfsii*.

Muthamilan e Jayarajan (1996) constataram que a integração do tratamento de sementes com *T. harzianum* e Rhizobium mais o inóculo de *T. harzianum* adicionado ao solo 6 dias após a sementeira mais carbendizam (0,1%), a pulverização do solo aos 30 DAS foi mais eficaz na redução da podridão radicular do amendoim causada por *S. rolfsii* em estudos em estufa.

Muitos dos trabalhadores relataram que a aplicação no solo de *Trichoderma* spp. e *P.fluorescens* reduziu eficazmente as doenças causadas por agentes patogénicos das plantas transmitidos pelo solo e também foi observado um efeito sinérgico no crescimento das plantas (Suriyachandra Selvan, 1997; Manaorangitham *et al.*, 2000; Bharti *et al.*, 2004 e Poddar *et al.*, 2004).

Anitha (1997) relatou que a aplicação combinada no solo de *T. viride*, composto de Cheshunt e torta de nim controlou completamente a doença, enquanto que, em tratamentos individuais com *T. viride*, composto de Cheshunt e torta de nim, as taxas de mortalidade percentual foram de 20,5, 22,86 e 47,08, respetivamente, em condições de estufa.

Hari Narayana (1999) avaliou a eficácia da imersão das raízes das plântulas em *T. viride* e *P. fluorescens* no controlo da murchidão esclerocial do pimentão provocada por *S. rolfsii*. Verificou-se que a imersão das raízes das plântulas em *T. viride* era superior.

A granulação de sementes com suspensão de esporos de *T. harzianum*, juntamente com metilcelulose e cultura de antagonista de FYM, resultou numa diminuição significativa da doença da podridão do caule da soja causada por *S. rolfsii*, com aumento do peso seco das raízes e dos rebentos (g) e do rendimento de grãos (g) (Pranab Dutta e Das, 1999).

A integração de *G.virens* e *T.harzianum* melhorou significativamente a emergência de plântulas, o estande de plantas e o rendimento em soja infetada com *S. rolfsii* (Rajeev panth e Mukhopadhyay, 2001).

Anahosur (2001) desenvolveu uma estratégia de IDM para a murchidão da batata causada por *S. rolfsii* em condições de campo. A gestão integrada de doenças, que inclui os seguintes componentes: rotação de culturas em *rabi com* variedades de sorgo durante 2 anos + aplicação de farinha de trigo ao solo + tratamento de tubérculos com *T viride* ou *T harzianum* antes da plantação a 4 g kg-1 , ajudou a reduzir a murcha *de esclerócio* na batata.

Patibanda *et al.*, (2002) relataram que a integração de antagonista (aplicação no solo) e revestimento de sementes com fungicida resultou num efeito sinérgico na redução da doença em cártamo causada por *S. rolfsii* em comparação com as suas aplicações individuais. Thiram sozinho a 0,1% no tratamento de sementes mostrou um controlo muito fraco (34,00%) e o mesmo tratamento em combinação com uma aplicação no solo de *Trichoderma* exigiu uma dose mais elevada (4 g/kg de solo) para um controlo de 100%.

Umamaheswari *et al.*, (2002) referiram que a aplicação combinada no solo de *P. fluorescens*, *B. subtilis* e *T. viride* reduziu eficazmente a incidência de murchidão no jasmim causada por *S. rolfsii*.

Gehlot *et al.*, (2005) sugeriram que *P.fluorescens* pode ser usado como biofertilizante, que solubiliza o fósforo do solo e agente de biocontrolo, produzindo sideróforos, substâncias quelantes de ferro que ajudam no controlo da murchidão da malagueta causada por *Fusarium solani*. Descobriu também que o tratamento de sementes com *P.fluorescens* aumentou o fósforo do solo, a biomassa das plantas e o rendimento em 19, 32,44 por cento, respetivamente, e reduziu a gravidade da doença em 37 por cento.

Arunasri (2003) relatou que a imersão das raízes das plântulas em thiram a 0,1 por cento + imersão das raízes das plântulas em suspensão de *Trichoderma* (T1) + imersão das raízes das plântulas em *Pseudomonas* spp. (B1) reduziu a incidência de *S.rolfsii* na crossandra para cerca de 6,66 por cento em comparação com o controlo (73,66%).

Saralamma e Vithal Reddy (2003) relataram a gestão integrada da podridão radicular esclerocial do amendoim em condições de campo. A integração de bioagente *(T. harzianum)* com fungicida (tiofanato metílico) e torta de nim revelou-se eficaz para aumentar a eficiência da supressão do agente patogénico e aumentar os rendimentos. Nos tratamentos que envolvem o agente patogénico + bioagente + fungicida + bagaço de neem, os rendimentos foram significativamente mais elevados. O bioagente prolifera e torna-se competente na rizosfera sob condições fitossanitárias provocadas por fungicida e emenda orgânica.

A aplicação de *Trichoderma viride* em combinação com óleo de neem, bagaço de neem e agulhas de deodar resultou num controlo de 100% da praga das plântulas de macieira causada por *S.rolfsii* (Sonali e Gupta, 2004).

Dibyet *al.,* (2005) estudaram o efeito da combinação de estirpes de *P.fluoroscens* e alguns fungicidas para controlar a podridão do pé da pimenta preta causada por *Phytophthora capsici* e verificaram que 100% de sobrevivência das plantas infectadas quando o tratamento bacteriano foi combinado com metalaxil-mancozebe @ 2g/lit.

Shivaniet *al.,* (2005) verificaram que a bacterização de sementes de girassol com pseudomonas fluorescentes PS I e PSII reduziu a incidência da podridão do colo causada por *S.rolfsii* para cerca de 69,80 e 56,90 por cento, respetivamente.

Ganesan *et al.,*(2007) relataram que a aplicação combinada de Rhizobium e *Trichoderma harzianum* (ITCC - 4572) reduziu a incidência de *S.rolfsii* no amendoim.

Geleta *et al.,* (2007) descobriram que o tratamento de sementes com mancozeb testado @ 3g/kg de semente era uma gestão eficaz da podridão radicular do amendoim e obtiveram o rendimento por percentagem de 2344kg/ha.

Karthikeyanet *al.,* (2006) observaram que a aplicação no solo de *T. viride* @5 g/kg + mahuacake reduziu a incidência de *S.rolfsii* causador da podridão do caule do amendoim para 3,75% quando comparado com o controlo de 39,98% em condições de estufa.

Satish *et al.,* (2007) testaram os 8 fungicidas, entre os quais a pulverização de Dithane M45 + Bavistin controlou eficazmente a mancha foliar precoce do amendoim.

Kamil (2007) avaliou a experiência em casa de vegetação e verificou que o potencial bacteriossolato quitinolítico MS3, em combinação com o tratamento de revestimento de sementes e drenagem do solo, controlou significativamente a doença do amortecimento causada por *Rhizoctonia solani,* em *Helianthus annus*.

Mohanan (2007) avaliou que a aplicação de *T. harzianum no* solo e a solarização do solo foram consideradas eficazes contra a doença do míldio.

Johnson *et al.,*(2008) testaram a *Pseudomonas fluorescens* e, em combinação com triptofano e FYM, reduziram significativamente a podridão do caule do amendoim incitada por *S.rolfsii.*

Singh e Upadhyay (2009) relataram o efeito de isolados de *Trichoderma harzianum* 4572 de Th mu6 e Th mu19 e o fungicida PCNB controlaram eficazmente a doença inibindo o patogéneo *S.rolfsii* que causa o míldio do caule da soja (*Glycine max*), tanto em condições de estufa como de campo.

Hemalatha *et al.*, (2009) testaram um potencial nativo tolerante ao mancozebe, *Trichoderma* spp. e *P. fluorescens,* quanto à sua capacidade de reduzir a podridão radicular da beterraba sacarina e descobriram que uma aplicação combinada de ambos os agentes de biocontrolo e mancozebe @ 500 ppm foi superior na redução da incidência da doença até 10% em comparação com o controlo (81%).

Rakholiya (2010) desenvolveu uma estratégia de IDM para a murchidão do amendoim causada por *S. rolfsii* em condições de campo. A abordagem inclui o tratamento de sementes com *P. fluorescens* e T. *harzianum* @ 10g/kg em condições de campo reduziu efetivamente o *S. rolfsii aumentando* o rendimento das vagens em 1464kg/ha.

Rakh (2011) avaliou a gestão integrada de *S.rolfsii* através do tratamento de sementes com *Pseudomonas cf. monteilii 9,* diminuindo efetivamente a incidência da doença até 45,45% quando comparado com sementes não tratadas 66,67%.

Davut *et al.*, (2011) estudaram o efeito da combinação de estirpes de *Aspergillus, Rhizopus Penicillium* em combinação com diferentes fungicidas tolclofos-metil 200g/kg + tirame, 200g/kg, carboxina 200g/L + tirame 200g/L, fludioxonil, 100g/L e azoxistrobina 75g/L + fludioxonil 12,5g/L + metalaxil-M 37,5g/L foi considerada eficaz no controlo da podridão do caule do amendoim provocada por *S.rolfsii.*

Bindu e Bhattiprolu (2011) referiram que a gestão integrada da imersão de plântulas com carbendazim e mancozeb, a adição de vermicomposto, o encharcamento com fungicida e a aplicação de *Trichoderma harzianum* (7%) foram eficazes no controlo da doença causada por *S.rolfsii* ofchilli.

Manu *et al.*, (2012) relataram que, mancozeb juntamente com BCA *Trichoderma harzianum* -GKVK foi eficaz contra *S.rolfsii* incitado pela podridão do pé do milheto.

Nishant e Smitha (2012) relataram que o fungicida Bavistin em combinação com *Trichoderma* e *Pseudomonas* inibiu completamente a doença contra *Sclerotia oryzae* incitando a podridão do caule do arroz.

Pratibha *et al.*, (2012) relataram que o *Trichoderma harzianum* pode ser usado na forma de bioformulação em pó e líquida, o que ajuda a controlar a podridão radicular do amendoim. Ela descobriu que o tratamento com solo e bioformulação de sementes de BCA (Th3 SD, SA) @ 5 g por /kg e pulverização da bioformulação líquida (Th3 FS) @ 5 ml/lit efetivamente aumentou o rendimento.

Gururaj (2012) testou a aplicação de tebuconazol 2% DS @1gm/kg de sementes que se mostrou altamente eficaz contra a podridão do caule causada por *S.rolfsii,* aumentando o rendimento das vagens em 2664 kg/ha.

Radhaiah (2012) relatou que o efeito da combinação do potencial BCA TPT 15 juntamente com o tratamento integrado de sementes com fungicida mancozeb foi superior, registando o maior crescimento de plantas e reduzindo a incidência de podridão do caule causada por *S.rolfsii*.

Rather *et al.*, (2012) referiram que o tratamento de sementes e a pulverização de Carbendazim e Metalaxyl se revelaram mais eficazes e registaram uma redução de 59,8% da doença contra o complexo de murchidão do pimentão.

Samuel *et al.*, (2013) estudaram o efeito da combinação de composto de parthenium e fungicida, mancozeb para controlar a podridão radicular do amendoim causada por *S.rolfsii* e descobriram que o composto de parthenium juntamente com o tratamento de sementes com mancozeb reduziu eficazmente a incidência da doença até 34,06%.

2.9.1 Tratamento de sementes

Podile e Dube (1988) relataram que o revestimento de sementes com *P.fluoroscens* controlou os patógenos da podridão do caule do amendoim (*S.rolfsii* e *R.solani*) em experiências em vasos.

O tratamento de sementes com *P.fluorescens* foi considerado eficaz no controlo da podridão do colo do amendoim provocada por *S.rolfsii* (Patil *et al.*, 1998).

O tratamento de sementes com *P. florescence* e *P.putida* reduziu eficazmente a podridão *de Sclerotium* do girassol causada por *S.rolfsii* (Rangeshwaran e Prasad, 2000).

Anahosur (2001) relatou que o tratamento de tubérculos com *T.harzianum*, *T.viride*, *G.virens* e *P.fluorescens* @ 10g/kg de tubérculo controlou eficazmente a murcha da batata causada por *S.rolfsii*.

Gogoi *et al.*, (2002) relataram que o tratamento de sementes de milho com *T.harzianum* e *B.subtilis* reduziu significativamente a podridão de colarinho do inhame pé-de-elefante incitada por *S.roflsii*.

Davutet *al.*,(2011) relataram que, o tratamento de sementes com *Aspergillus.,Rhizopus Penicillium* reduziu efetivamente a podridão do caule incitada por *S.roflsii* e aumentou a germinação de sementes de 64- 96% em condições de cultura em vaso.

Harsukh *et al.*, (2011) relataram que o tratamento de sementes com *Trichoderma* reduziu a incidência da doença em cerca de 51,6%, reduzindo eficazmente a podridão do colarinho.

2.10 Caracterização molecular de potenciais agentes de controlo biológico

Cilliers *et al.*, (2000) diferenciaram grupos de compatibilidade micelial de *S. rolfsii* e também detectaram polimorfismo entre isolados dentro de um único grupo micelial com base em perfis AFLP.

Ramesh Kumar *et al.*,(2002) estudaram a variabilidade genética entre os isolados de *Pseudomonas* por RAPD com iniciadores aleatórios, e o iniciador pgs3 produziu várias bandas, incluindo uma banda única com um tamanho de 800 pb.

Daffonchio *et al.*, (2004) utilizaram ITS entre os genes 16S e 23S rRNA para discriminar o grupo 1 do género *Bacillus* por Reação em Cadeia da Polimerase.

Wasantha Kumara e Rawf (2004) observaram uma maior diversidade genética entre os isolados de *C. gloeosporioides* da papaia, como evidenciado pelos perfis

RAPD utilizando OPA-04 e OPA-14.

Saralamma e Vital Reddy (2004) caracterizaram as estirpes mais eficientes de *Pseudomonas fluorescens* através da análise RAPD.

Marta *et al.*, (2005) estudaram as impressões digitais RAPD e PCR inespecífica para diferenciar *a Pseudomonas fluorescens* EPS62e de outras estirpes de *Pseudomonas fluorescens*. O fragmento amplificado diferencial da EPS62e foi caracterizado sequencialmente como marcadores SCAR e foram concebidos e seleccionados dois pares de iniciadores pela sua especificidade contra a EPS62e. O par de primers ASCAR foi avaliado e validado para a avaliação da dinâmica populacional de EPS62e em plantas de pereira em condições de estufa.

Misbah *et al.*, (2005) identificaram o *Acinetobacter* de isolados clínicos através da amplificação da região do genoma 16S rDNA que consiste em aproximadamente 1500 nucleótidos utilizando três pares de iniciadores: 27F, 780R; 529F, 1099R; 925F e 1491R.

Megha *et al.*, (2007) estudaram a diversidade de quinze isolados de pseudomonadas fluorescentes utilizando RAPD - PCR com oito iniciadores aleatórios, *nomeadamente* OPC-9, OPD-2, OPD-3, OPO-6, OPO-09, OPO-13, 15 e 16. Os amplicons PCR de pseudomonas fluorescentes obtidos a partir de oito iniciadores aleatórios produziram 127 bandas polimórficas. O mínimo de bandas (9) foi produzido pelo iniciador OPD-02 e o número máximo de bandas (25) foi produzido por OPO-16.

Lourenco *et al.*, (2007) caracterizaram estirpes toxigénicas e não toxigénicas de *Aspergillus flavus* utilizando cinco primers aleatórios, *nomeadamente*, P160, P117, P54, P10 e PM1 na técnica RAPD.

Nguyen *et al.*, (2007) estudaram a diversidade de 29 variedades de amendoim utilizando RAPD-PCR com cinco primers, *a saber,* RAPD 2, RAPD 3, RAPD 5, RAPD 6, OPC 11 e formaram 2 grupos com 96% de polimorfismo e as bandas totalmente obtidas entre os isolados variaram entre 200 - 2.800 pb e a distância genética entre eles foi de 0,0 a 0,74.

Darakhshandaet *al.*, (2007) caracterizaram as estirpes fúngicas D2- D9 utilizando RAPD com 10 iniciadores, *nomeadamente* A-1 a A-10, que produziram 116 bandas com uma média de 11,6 por iniciador, com um tamanho entre 250 e 2500 pb, resultando num polimorfismo de 64%.

Kulkarni *et al.*,(2008) estudaram a caraterização molecular de isolados de *S. rolfsii* de batata utilizando a técnica RAPD. Os primers OPA-1, OPA-2, OPA-17 e OPA-18 mostraram 100 por cento de polimorfismo.

Nasieret *al.*, (2009) identificaram *as bactérias Firmicutes, Bacteroidetes, Proteobacteria, Planctomycete, Deferii* e *Archaea* utilizando técnicas de sequenciação de 16 S rRNA.

Haque *et al.*,2009 estudaram a diversidade genética entre nove variedades *de Brassica*, nomeadamente BARI Sharisha-12, Agrani, Sampad, BINA Sharisha-4, BINA Sharisha-5, BARI Sharisha-13, Daulot, Rai-5, Alboglabra utilizando RAPD com quatro primers OPB-4, OPC-5, OPC-9, OPD-2 e produziram 58 bandas polimórficas com um tamanho entre 212 e 30686 pb e agrupadas em 2 grupos.

Prabhakaranet *al.*, (2009) estudaram a diversidade genética de *Trichoderma viride* e P. *fluorescens* utilizando 9 primers RAPD, *nomeadamente,* OPA-3, OPA-6,

OPO-12, OPY-2, OPA-10, OPA-12, OPW-14, OPY-19,B-14. As bandas de amplicons de PCR produzidas por esses primers variaram entre 100 pb e 2500 pb.

Rajasundari *et al.*, (2009) isolaram 9 espécies de rizóbios e estudaram a diversidade molecular utilizando dois primers RAPD OPQ-1 e OPM-10, que formaram 4 grupos.

Gayathri *et al.*, (2010) estudaram o polimorfismo entre os endófitos antagónicos de sementes e raízes contra *S.rolfsii*. Estes resultados revelaram que os isolados se agruparam em dois grupos com 133 bandas polimórficas reprodutíveis e identificáveis. Além disso, um iniciador OPD-2 produziu uma banda única de 2600 pb nos potenciais antagonistas GSE-3 e GSE-4, que pode ser utilizada para desenvolver um marcador SCAR.

O polimorfismo entre os isolados *de Trichoderma* foi observado pela técnica RAPD. Um total de 119 bandas polimórficas variando aproximadamente de 75 pb a 2500 pb foram geradas com 5 primers aleatórios entre 9 isolados de *Trichoderma* (Mathews *et al.*, 2010).

Durgaet *al.*, (2009) estudaram a variabilidade genética entre os isolados de *S.rolfsii* por RAPD. Registou um total de 221 bandas polimórficas identificáveis, variando entre 100 pb e 2500 pb, utilizando primers RAPD.

Guptaet *al.*, (2010) estudaram a diversidade genética de 7 isolados de *Trichoderma* sps., utilizando 10 primers RAPD *viz.*, OPA 1 a OPA 10, todos estes primers produziram 248 bandas e resultaram em 61,84% de polimorfismo.

Rajendra *et al.*, (2011) estudaram a diversidade genética de dez isolados de *Fusarium sps*. utilizando RAPD com três primers, nomeadamente OPAD-4, OPAD-7 e OPAD-18, que produziram 27 bandas com tamanhos compreendidos entre 250 e 3700 pb, tendo sido obtido um número máximo de bandas com o primer OPAD18.

Govarthanan *et al.*, (2011) estudaram a diversidade genética de *coleus sps* com 10 primers aleatórios, *nomeadamente* OPW-6 a OPW-10 e OPU-15 a OPU-19, e as bandas variaram aproximadamente entre 100 e 1200 pb e formaram 2 grupos com uma distância de semelhança entre 0,00 e 0,46.

Ravi charan *et al.*, (2011) estudaram a diversidade genética de 15 isolados de *Pseudomonas fluorescens* utilizando 40 primers. Entre eles, 26 foram corretamente analisados. Os amplicons de PCR produziram 160 bandas polimórficas que variavam entre 300 pb e 6500 pb, com um coeficiente de semelhança que variava entre 0,42 e 0,95.

Venieraki *et al.*, (2011) revelaram que, isolados clínicos (Gr24, Gr30, Gr35, Gr37, Gr46,Gr50, Gr54, e Gr65) pertencem às espécies *Azosprillum brasilense, Azosprillum zeae, Pseudomonas stutzeri* amplificaram a região do genoma 16 S rRNA que consiste em aproximadamente 1.450 nucleotídeos usando primers T7 e SP6.

Manjunatha e Naik (2013) isolaram estirpes fluorescentes de *Pseudomonas* RPF-13 e RPF-81 e identificaram estas estirpes como *P. alcaligenes* (Z76653) e *P. aeruginosa* (EU915713) através da amplificação da região do genoma 16S rDNA que consiste em aproximadamente 1316 pb utilizando dois pares de primers, *nomeadamente* fD1 e rP2.

Radhaiah (2013) estudou a diversidade genética das estirpes SAMB-17, SAMB-2, SAMB-9, SAMB-15, SAMB-3 e SAMB-29 utilizando 4 primers RAPD, *nomeadamente* OPA-08, OPA-14, OPA-20 e OPC-08, e produziu 154 bandas polimórficas, variando aproximadamente entre 600 pb e 3500 pb, formando dois grupos. Utilizando a sequenciação de 16S rRNA de aproximadamente 1300 pb, a estirpe SAMB-17 foi identificada como *Bacillus subtilis*.

Hafizet al., (2013) identificaram 20 isolados de Eca 1 a Eca 20. Ele relatou que 15 primers RAPD aleatórios OPB-7 e OPB-11 amplificaram uma banda específica de 690 pb.

Neamat *et al.,* (2013) isolaram 10 espécies de rizóbios por RAPD-PCR com 5 primers *viz.,* OPA-10 a OPA-12 & OPC-16, OPN-16. Entre eles, OPN-16 representou o maior poder de discriminação16,2%.

Aruna e Bhaskar (2013) isolaram bactérias produtoras de proteases do solo e testaram a sua atividade proteolítica, tendo identificado a estirpe específica DF, que foi identificada como *Bacillus stratosphericus* (número de acesso: KC866366) através da sequenciação do rRNA 16S.

Prasad (2014) estudou a diversidade genética de rhizobium sps através de RAPD-PCR com 4 primers, *nomeadamente* OPZ-8, 9, 10 e 11, tendo obtido um total de 79 bandas com uma distância de similaridade de 0,00 a 0,47.

Jorjandi e Baghizadeh (2014) estudaram a diversidade genética de 30 *Actinomycetes sps* por RAPD-PCR com 5 primers, *viz.,* e obtiveram um total de 138 bandas com tamanhos entre 150 e 2800 pb. Os actinomicetos isolados foram agrupados em 5 grupos com base num dendrograma e a distância genética entre eles resultou em 0,65 a 0,91.

Ravindra e Sanjay (2016) isolaram 120 *Bacillus spp*, entre os quais o *Bacillus* 57, que produz metabolitos voláteis, e identificaram-no como *Bacillus thuringiensis* NCIM2130 através da sequenciação do 16S rRNA.

Abdallahet al., (2016) isolaram bactérias endofíticas de *Withania sominifera* e identificaram a estirpe S8 *como Alcaligenes faecalis* subsp. *faecalis str.* S8 (Número de acesso: KR818077) utilizando a sequenciação do gene 16S rDNA.

CAPÍTULO 3
MATERIAIS E MÉTODOS
3.1 Local de trabalho
As experiências laboratoriais e de cultura em vaso relativas ao presente trabalho de investigação foram realizadas durante o ano de 2010-14 no Departamento de Fitopatologia, Sri Venkateswara Agricultural College, Acharya N.G. Ranga Agricultural Univeristy, Tirupati, distrito de Chittoor, Andhra Pradesh.
3.2 Métodos experimentais
3.2.1 Artigos de vidro
Durante o presente inquérito, foi utilizado material de vidro constituído por borosil. Tratava-se de placas de Petri (90 mm de diâmetro), tubos de ensaio, frascos cónicos (100, 250 e 500 ml), copos (100, 500 e 1000 ml), pipetas (1, 2, 5 e 10 ml) e provetas (10, 50, 100 e 500 ml). O material de vidro foi primeiro lavado com detergente, seguido de uma limpeza minuciosa com água da torneira antes de ser colocado na solução de limpeza durante 24 horas e, finalmente, enxaguado com água destilada 3 a 4 vezes e seco na estufa antes de ser utilizado.

A composição da solução de limpeza

Dicromato de potássio	:	60 g
Ácido sulfúrico concentrado	:	60 ml
Água destilada	:	1000 ml

3.2.2 Produtos químicos
Os produtos químicos utilizados no presente estudo eram de grau reagente analítico (AR) e reagente garantido (GR) de marca padrão. O pH dos meios foi ajustado com Hcl 0,1N ou NaoH 0,1N.
3.2.3 Estudo molecular
As análises RAPD e 16S rDNA foram efectuadas num master cycler Gradient PCR (Eppendorff) e os perfis de bandas de ADN foram documentados num sistema de documentação em gel. Utilizou-se a eletroforese horizontal em gel para a passagem do gel e um transiluminador ultravioleta para a observação das bandas. A centrifugação foi efectuada numa centrífuga eppendorf refrigerada. As amostras de ADN foram armazenadas a -20°C num congelador. Foram utilizados pilões e almofarizes esterilizados, azoto líquido, tubos eppendorf (1,5 ml), tubos PCR (0,2 ml), pontas (10, 50, 200 e 1000 jul) e micro pipetas.
3.2.4 Meios de cultura utilizados
Ágar dextrose de batata (PDA), meio de ágar nutriente (NA), caldo de dextrose de batata (PDB), caldo nutriente (NB), meio de ágar rosa de Bengala (RBA).
3.2.5 Esterilização
O material de vidro utilizado para a presente investigação foi mantido em latas de esterilização ou embrulhado em folha de alumínio e esterilizado em estufa de ar quente a 160°C durante 90 minutos.

A superfície do fluxo de ar laminar (LAF) foi esterilizada limpando-a com um cotonete embebido em álcool. A ansa de inoculação, a broca de cortiça e o bisturi foram esterilizados por imersão em álcool e aquecimento a quente.

Os meios de cultura e a água destilada foram esterilizados numa autoclave a 15 p.s.i. durante 20 minutos.

O solo foi esterilizado numa autoclave a 20 p.s.i. durante 30 minutos por 2 dias consecutivos para a experiência de cultura em vaso.

3.2.6 Técnicas laboratoriais

As técnicas laboratoriais gerais descritas por Dhingra e Sinclair (1995), Rangaswami e Mahadevan (1999), Nene e Thapliyal (1993) e Aneja (1993) foram seguidas para a preparação de meios, esterilização, isolamento e manutenção de culturas fúngicas com ligeiras modificações sempre que necessário.

3.2.7 Origem das sementes

As sementes de amendoim TCGS-888 (GREESHMA), popularmente cultivadas nos distritos de Chittoor, em Andhra Pradesh, foram obtidas na Estação Regional de Investigação Agrícola, ANGRAU, Tirupati.

3.2.8 Inquérito

Foi realizado um inquérito itinerante nos principais mandatos de cultivo de amendoim dos distritos de Kadapa e Chittoor de Andhra Pradesh durante o *Rabi* 2010-14 para estudar a incidência da podridão do caule. Foi efectuado um inquérito de campo preliminar para conhecer a incidência da podridão do caule causada por *S. rolfsii* nos principais mandais de cultivo de amendoim dos distritos de Kadapa e Chittoor da região de Rayalaseema de Andhra Pradesh, a fim de estimar a incidência da doença. Foram inquiridos três mandais, nomeadamente a aldeia de Kattuluru, Gollapalli e Vempalli, no distrito de Kadapa, e outros quatro mandais, nomeadamente Kalikiri, Kothapalli, Nallacheruvupalli e Tirupati/RARS, no distrito de Chittoor.

3.3 Isolamento do agente patogénico e prova de patogenicidade

O agente patogénico foi isolado das plantas de amendoim infectadas com podridão do caule, recolhidas aleatoriamente durante o estudo, utilizando o método do segmento de tecido (Rangaswami e Mahadevan, 1999).

Cortaram-se com um bisturi esterilizado pequenos pedaços de tecido de cerca de 3 mm da região infetada da podridão do colo, juntamente com algum tecido saudável. Em seguida, os pedaços foram esterilizados à superfície com hipoclorito de sódio a 1% durante 2 minutos, seguido de três lavagens em água destilada estéril para remover vestígios de hipoclorito de sódio nos pedaços de tecido. Os pedaços esterilizados foram transferidos para placas de Petri com ágar dextrose de batata. As placas incubadas foram observadas quanto ao crescimento do fungo a 28 ± 2°C. Em alternativa, o solo da área infetada foi utilizado para o isolamento do agente patogénico através do método de diluição em série.

A cultura do agente patogénico foi purificada pelo método da ponta de hifa única e mantida em meio de ágar dextrose de batata por transferência periódica ao longo da presente investigação.

3.3.1 Identificação do agente patogénico

O agente patogénico isolado foi identificado com base nos seus caracteres miceliais e escleróticos (Barnett e Hunter, 1972 e Subramanian, 1971).

3.3.2 Teste de patogenicidade

O método de infestação do solo foi utilizado para o teste de patogenicidade. Os grãos de sorgo foram esterilizados por autoclavagem a 15 p.s.i. durante 20 minutos e multiplicados em massa em frascos cónicos de 250 ml. Uma cultura de três dias do patógeno *S.rolfsii* foi cultivada em placa de ágar batata dextrose e 4 discos de crescimento micelial de 5,0 mm de diâmetro foram transferidos para os frascos, que foram incubados por sete dias a $28 \pm 2°C$. Em seguida, o inóculo foi misturado ao solo esterilizado @ 100 g kg^{-1} em vasos de 22,5 cm e sementes de amendoim @ 10 por vaso foram semeadas e um vaso controle não inoculado foi mantido. Cada tratamento foi repetido três vezes.

3.3.2.1 Efeito da densidade de inóculo de *S.rolfsii* na incidência da podridão do caule do amendoim

3.3.2.2 . Preparação do inóculo do isolado de *S. rolfsii*

O *S.rolfsii* foi multiplicado em meio de ágar dextrose de batata e utilizado para a multiplicação em massa.

3.3.2.3 Adição de inóculo em vasos

Os vasos foram inoculados com cultura de *S.rolfsii* multiplicada em sementes de sorgo esterilizadas à razão de 25 g, 50 g, 75 g, 100 g e 125 g/kg de solo e incubados na estufa durante 7 dias, para a multiplicação do agente patogénico. O solo franco-arenoso obtido na quinta do S.V. Agricultural College, a curta duração (95 a 100 dias) e o amendoim tolerante à seca *var.* TCGS-888 (GREESHMA) foram utilizados para esta experiência.

3.3.2.4 . Parâmetros estudados

O número total de sementes semeadas em cada repetição de um tratamento foi registado no momento da sementeira. A percentagem de germinação e a percentagem de incidência de doenças foram calculadas da seguinte forma

$$\text{Per cent germinatio n} = \frac{\text{Number of seeds germinated in each treatment}}{\text{Total number of seeds sown}} \times 100$$

$$\text{Per cent disease incidence} = \frac{\text{Number of diseased plants}}{\text{Total number of seeds germinated}} \times 100$$

3.4 . Isolamento de potenciais agentes de biocontrolo

3.4.1 . Isolamento de antagonistas nativos da rizosfera/endófitos radiculares de plantas de amendoim saudáveis

Os potenciais agentes de biocontrolo contra *S.rolfsii* foram isolados de solos da rizosfera e de raízes de plantas de amendoim saudáveis. A micoflora e as bactérias antagonistas foram isoladas de acordo com a técnica de diluição em série e a técnica de placa de derramamento (Johnson e Curl, 1977).

3.4.2 Isolamento de micoflora e bactérias antagonistas nativas de endófitos radiculares

5 g de raízes foram esterilizadas durante 5 minutos com álcool a 70 % e misturadas em 20 ml de tampão fosfato esterilizado (0,2M Na2HPO4+0,2M NaH2PO4) pH7,0 utilizando um almofariz e um pilão para isolar os endófitos. Foram utilizadas placas de meio Ágar Rosa Bengala/Ágar Batata Dextrose e Ágar Nutriente com diluições

adequadas (10^{-4} para fungos e 10^{-6} para bactérias) para o isolamento de fungos e bactérias, respetivamente. As placas foram incubadas durante 72 horas a $28 \pm 2°C$ (Kishore *et al.*, 2005).

As colónias de micoflora com três dias de idade foram colhidas e purificadas pelo método do esporo único/ponta de hifa, ao passo que as colónias de bactérias com um dia de idade foram colhidas e purificadas pelo método da placa de estrias.

3.4.3 Identificação de potenciais agentes de biocontrolo

A eficácia da micoflora antagonista e das bactérias da rizosfera e dos endófitos radiculares foi determinada pela técnica de cultura dupla (Morton e Stroube, 1995) em condições *in vitro*.

3.4.3.1 Técnicas de dupla cultura

Vinte ml de PDA esterilizado foram colocados em placas de Petri de 90 mm. Discos de 6 mm de diâmetro com fungos da rizosfera em crescimento ativo foram colocados numa extremidade da placa sobre o PDA (Dennis e Webster, 1971). Para testar a eficácia da bactéria da rizosfera, foi colocada uma linha de 4 cm num dos lados da placa. No lado oposto ao antagonista, foi colocado um disco micelial de 6 mm de diâmetro de *S.rolfsii*. As placas de Petri com o agente patogénico inoculado apenas numa extremidade serviram de controlo. As placas foram incubadas a $28 \pm 2°C$ durante 7 dias. Foram mantidas três réplicas por tratamento.

A percentagem de redução do crescimento radial do agente patogénico testado foi calculada utilizando a seguinte fórmula dada por Vincent (1947)

$$I = \frac{C-T}{C} \times 100$$

onde,

I = Inibição percentual do crescimento do agente patogénico testado

C = Crescimento radial (mm) no controlo

T = Crescimento radial (mm) no tratamento.

3.5 Avaliação dos antagonistas contra o agente patogénico *S.rolfsii* em ensaios *in vitro*

3.5.1. Efeito dos metabolitos voláteis do antagonista bacteriano no crescimento radial de *S.rolfsii in vitro*

Neste caso, foi utilizada uma versão modificada da técnica da placa de Petri selada descrita por Dennis e Webster (1971); o antagonista bacteriano de uma cultura com 48 horas de idade foi semeado no centro das placas de Petri que continham ágar nutriente e a tampa desta placa de Petri foi substituída por outra placa inferior que continha meio de ágar dextrose de batata inoculado com um disco de cultura de *S.rolfsii com* 6 mm de crescimento ativo. As duas placas foram seladas com uma fita adesiva. A tampa da placa de controlo, que não tinha sido inoculada com o antagonista, serviu de controlo. Foram mantidas três repetições e as placas foram incubadas a 28 ± 2^0 C. O crescimento radial do agente patogénico foi registado após cada 24 horas e comparado com o crescimento do agente patogénico no controlo. Com base nas observações registadas, a percentagem de inibição do agente patogénico foi calculada pela fórmula dada por Vincent (1947).

3.5.2. Efeito de metabolitos não voláteis de antagonistas bacterianos no crescimento radial de *S.rolfsii in vitro*

O efeito do filtrado de cultura do antagonista foi estudado conforme descrito por Rajeev e Mukopadhayay (2001).

Discos de 6 mm de antagonista fúngico foram inoculados em caldo de batata dextrose e incubados num agitador a 100 rpm a 28±2°C durante 15 dias. A cultura foi passada através de papel de filtro Whatmann n.º 1 e filtro bacteriano (0,2 pm, sartorious - filtro de utilização única) e o filtrado obtido foi adicionado ao ágar dextrose de batata fundido até à concentração final de 10% (v/v). O meio foi vertido em placas de Petri (20 ml/placa) e foi inoculado um disco de 6 mm do agente patogénico e incubado a 28±2°C. As placas de ágar dextrose de batata inoculadas com o agente patogénico mas não alteradas com filtrado de cultura serviram de controlo. O diâmetro da colónia do agente patogénico foi medido no 5th dia de incubação. A percentagem de inibição em relação ao controlo foi calculada como mencionado na secção 3.6.3.

3.6 . Teste de compatibilidade entre potenciais antagonistas fúngicos e bacterianos *in vitro*

Foram obtidos 45 isolados bacterianos da rizosfera e de endófitos de raízes de amendoim. A microflora potencialmente antagonista, GRE-9, GRB-16 e GRB-20, foi selecionada para estudos de compatibilidade fungicida, uma vez que demonstrou uma inibição máxima do crescimento de *S. rolfsii* em estudos de cultura dupla, quando comparada com todos os outros antagonistas.

3.6.1. Teste de compatibilidade entre potenciais antagonistas e fungicidas *in vitro*

Os potenciais agentes de biocontrolo nativos foram testados quanto à sua compatibilidade com os fungicidas geralmente recomendados para a aplicação no solo, *nomeadamente* oxicloreto de cobre (0,2%), mancozebe (0,2%), carbendazime (0,1%) e tiofanato metílico (0,1%) e hexaconazol (0,1%), propiconazol (0,1%). Os isolados fúngicos foram testados quanto à sua compatibilidade através da técnica de alimentos envenenados (Nene e Thapliyal, 1993) e do método espetrofotométrico (Kishore *et al.,* 2005) para isolados bacterianos in *vitro*.

Quadro 3.1: A lista dos fungicidas utilizados nos presentes estudos é apresentada de seguida

S.N.	Nome comum dos fungicidas	Nome comercial	Ativo Ingrediente	Concentração
1	Bavistina	Carbendazim	50% wp	0.2%
2	Hexaconozole	Contaf	5% CE	0.1%

3	Propiconazol	Inclinação	25% CE	0.1%
4	Tiofanato metílico	Topsin-M	70% wp	0.1%
5	Oxicloreto de cobre	Blitox	50% wp	0.1%
6	Mancozebe	Ditano M-45	75% wp	0.2%

3.6.2. Método espetrofotométrico

O caldo nutriente (NB) contendo quinhentos microlitros de culturas bacterianas antagonistas foi cultivado durante 16 horas a $28 \pm 2°C$, seguido da adição de 50 ml de NB a frascos cónicos de 250 ml contendo diferentes fungicidas, e estes frascos foram incubados a $28 \pm 2°C$ e a 150 rpm num agitador orbital. Após 24 horas de incubação, o crescimento das culturas bacterianas foi estimado utilizando um espetrofotómetro (systronics, Modelo -2205) a 600nm. Cada tratamento foi repetido três vezes.

Os frascos que continham caldo de nutrientes sem fungicidas foram mantidos como controlo (Kishore *et al.*, 2005)

3.6.3. Técnica de alimentos envenenados

Misturou-se cuidadosamente com fungicida 50 ml de água destilada esterilizada e 50 ml de meio de ágar batata dextrose esterilizado e frio fundido de dupla força, e o meio foi vertido em placas de Petri. Em seguida, no centro da placa de Petri, foram inoculados discos de 6 mm de patógeno crescido com quatro dias de idade e depois incubados a $28 \pm 2°C$. Foi mantido um controlo sem fungicida e foram mantidas três repetições. A percentagem de inibição do crescimento do fungo em relação ao controlo foi calculada utilizando a fórmula dada por Vincent (1947) da seguinte forma

$$I = \frac{C-T}{C} X100$$

Onde,

    I = Redução percentual do crescimento do agente patogénico
    C = Crescimento radial (mm) no controlo
    T = Crescimento radial (mm) no tratamento.

3.7 . Multiplicação em massa e desenvolvimento de formulações à base de talco

3.7.1. Preparação de uma formulação à base de talco de um potencial isolado bacteriano

A formulação à base de talco do potencial agente de biocontrolo bacteriano foi efectuada utilizando o método descrito por Vidhyasekharan e Muthamilan (1995).

Uma alça de bactérias potencialmente antagonistas (GRE-9) foi inoculada em caldo nutriente e incubada num agitador rotativo a 150 rpm min^{-1} durante 48 horas à temperatura ambiente ($28 \pm 2°$ C). Um kg de pó de talco (montmorilonite) foi colocado num tabuleiro em condições assépticas e o pH foi ajustado para 7,0 através da adição de CaCo3 a 15 g kg^{-1} . 10 g de carboximetilcelulose (CMC) foram adicionados a 1 kg de pó de talco, bem misturados e autoclavados durante 30 min, a $121°$ C durante 2 dias sucessivos. 400 ml da suspensão bacteriana contendo 1 x 10^8 ufc/ml foram misturados com uma mistura de celulose portadora em condições assépticas. Após secagem a 35% de humidade durante a noite, em condições assépticas, a mistura foi embalada em sacos de polipropileno e selada.

A população inicial do agente de biocontrolo bacteriano foi avaliada pelo método de diluição em série e foi posteriormente testada em estudos de vasos

$$\text{Number of cfu/g} = \frac{\text{Number of colonies}}{\text{Amount of sample plated} \times \text{dilution}}$$

3.8 Gestão integrada da podridão do caule
3.8.1. Estudos sobre a cultura da erva

O potencial agente de biocontrolo e os fungicidas compatíveis foram avaliados em condições de estufa contra o agente patogénico. Os solos franco-arenosos e a variedade de amendoim TCGS-888 (GREESHMA) foram utilizados para este tratamento. Foram aplicados os seguintes tratamentos.

Quadro 3.2: Lista dos tratamentos de cultura em vaso aplicados no presente estudo

S.N.	N.º de tratamento	Tratamento
1.	Ti	Aplicação no solo de um potencial agente de biocontrolo.
2.	T2	Irrigação do solo com fungicida compatível
3.	T3	Aplicação no solo com um potencial agente de biocontrolo + aspersão no solo com um fungicida compatível
4.	T4	Tratamento de sementes com potencial BCA

5.	T5	Tratamento das sementes com fungicida
6.	T6	Tratamento de sementes com BCA potencial + Tratamento de sementes com fungicida
7.	T7	Aplicação no solo com um potencial agente de biocontrolo + aspersão no solo com um fungicida compatível e Tratamento de sementes com um potencial agente de biocontrolo + tratamento de sementes com um fungicida
8.	Controlo	Inoculadas apenas com o agente patogénico
9.	Controlo	Controlo não inoculado
Desenho: Desenho completamente aleatórioReplicações : 3		

3.8.2. Multiplicação em massa da bactéria antagonista

A bactéria antagonista foi multiplicada em massa em caldo nutriente e incubada a 28 ± 2°C durante dois dias. A suspensão bacteriana foi adicionada ao solo nos vasos a 20 ml/kg-1 de solo (Gogoi *et al.*, 2002).

3.8.3. . Tratamento das sementes

A estirpe bacteriana GRE-9 (endófito da raiz do amendoim) foi isolada das raízes do amendoim e selecionada para esta experiência com base no seu desempenho *in vitro*. A estirpe GRE-9 foi selecionada entre 45 estirpes bacterianas para este estudo devido à sua capacidade única de inibir (100%) o crescimento micelial de *S.rolfsii*. As sementes de amendoim foram tratadas com uma formulação à base de talco de GRE-9 à taxa de 10 g/kg de semente e as sementes foram utilizadas para sementeira.

3.8.4.Observações

i. Percentagem de incidência da doença (PDI)

$$PDI = \frac{\text{Number of diseased plants}}{\text{Total number of seeds sown}} \times 100$$

ii. Comprimento dos rebentos e das raízes

Foi calculado o comprimento médio dos rebentos e das raízes das plantas.

iii. Peso seco dos rebentos

As amostras foram mantidas numa estufa de ar quente a 80°C e os pesos secos dos rebentos foram registados.

iv. Peso seco das raízes

O peso seco das raízes foi registado em todos os tratamentos, em função da repetição.

3.9. Caracterização molecular de potenciais agentes de biocontrolo

A variabilidade genética entre os isolados de agentes de biocontrolo bacterianos foi estudada por Random Amplified Polymorphic DNA (RAPD) Williams *et al.*, (1990). A sequência 16S rDNA foi utilizada para a identificação de potenciais agentes de biocontrolo bacterianos (Julian *et al.*, 1998).

3.9.1 Culturas bacterianas

Os isolados bacterianos antagonistas, *nomeadamente* GRE-9, GRE-11, GRE-12, GRE-15, GRE-18, GRB-2, GRB-4, GRB-5, GRB-9, GRB-11, GRB-12, GRB-14, GRB-16 e GRB-20, com diferentes graus de atividade antagonista contra *S. rolfsii*, foram seleccionados para caraterização molecular. Os isolados bacterianos foram cultivados em caldo nutriente a 28 ± 2°C durante uma noite antes da extração de ADN.

3.9.2 Tampões utilizados para a eletroforese

i Composição de tampão TBE 10 x

Base Tris	:	54,0 g
Ácido bórico	:	27,5 g
EDTA	:	4,65 g
Água destilada	:	500 ml
pH	:	8,0

Preparação

Cada produto químico foi dissolvido em copos separados com água destilada e todos foram finalmente misturados. O pH foi ajustado para 8,0 utilizando 0,1 HCL ou NaOH e o volume foi aumentado para 500 ml e esterilizado por autoclavagem a 15 lbs durante 15 minutos.

ii . Composição do corante de carga (10x)

Glicerol	:	5ml
10 x TBE	:	1ml
Azul de bromofenol (saturado)	:	1ml
Xileno cianol (10%)	:	1ml
Água bidestilada	:	10 ml

Preparação

O conteúdo foi bem misturado e dividido em alíquotas de 1 ml, esterilizado e armazenado a -20°C para utilização posterior.

3.9.3 Extração de ADN

O ADN genómico foi isolado de acordo com o método padrão (Ausubel *et al.*, 1999). Para o isolamento, foram utilizados 6 ml de cultura bacteriana cultivada de um dia para o outro. A cultura foi cultivada de um dia para o outro. A cultura foi centrifugada num tubo eppendorf de 1,5 ml durante 2 minutos a 10000 rpm. O sedimento foi novamente suspenso em 567 pl de tampão TE por pipetagem repetida.

A esta suspensão foram adicionados 30 pl de SDS a 10% e 3pl de proteinase K (20 mg/ml), bem misturados e incubados a 37° C durante 1 hora, seguindo-se a adição de 100pl de NaCl 5M. A esta mistura foram adicionados 80pl de solução de CT AB (10%) e NaCl (0,7M), bem misturados e incubados a 65OC durante 10 minutos. Foi adicionado um volume igual de fenol/clorofórmio, misturado suavemente e centrifugado a 12000 rpm durante 7 minutos. A fase superior foi transferida para um novo tubo eppendorf, com um volume igual de clorofórmio: Álcool isoamílico (24:1), misturou-se bem e centrifugou-se a 12000 rpm durante 5 minutos. Este passo foi repetido duas vezes. Finalmente, o sobrenadante foi retirado para um novo tubo de 1,5 ml e o ADN foi precipitado com 0,6 volumes de isopropanol. Após incubação à temperatura ambiente durante 30 minutos, centrifugou-se a 12000 rpm durante 7 minutos para formar um pellet de ADN. O sobrenadante foi decantado. O sedimento foi lavado com álcool a 70% duas vezes, seco ao ar e dissolvido em TE [10Mm Tris-HCl, 1mM EDTA (pH 8,0)].

3.9.4 Preparação de géis

As placas de gel (13 x 14 cm) foram lavadas cuidadosamente com uma solução de limpeza seguida de água destilada e secas. Os dois lados abertos das placas foram selados com fita de celofane. A solução de gel foi preparada misturando 1,0 g de agarose em 100 ml de tampão TBE 1 x (gel a 1,0%) num erlenmeyer e fervida na estufa até se obter uma solução límpida, tendo-se adicionado 4 pl de brometo de etídio (10 mg pl^{-1}). Verter a solução na placa selada, inserir o pente adequado e deixar polimerizar.

3.9.5 Carregamento e funcionamento dos géis

O pente inserido foi cuidadosamente retirado do gel após a polimerização. A placa de gel foi colocada num aparelho horizontal e enchida com tampão TBE 10 x. As amostras foram colocadas nos poços com a ajuda de micro pipetas. Após o carregamento, a unidade electroforética foi ligada a uma fonte de alimentação eléctrica regulada de 100 V. No final da corrida, o gel foi cuidadosamente removido e analisado.

3.9.6 Verificação qualitativa e quantitativa do ADN de diferentes isolados de potenciais agentes de biocontrolo

As amostras de ADN (5 gl) de cada isolado foram misturadas com 4 gl de corante de carga 1 x e colocadas nos poços do gel de agarose a 1%, juntamente com 5 gl de marcador de ADN, a fim de verificar a qualidade e a quantidade de ADN.

3.9.7 Perfis RAPD através da reação em cadeia da polimerase (PCR)

Foram utilizados quarenta iniciadores aleatórios diferentes pertencentes às séries de operão "A" e "C", nomeadamente OPA-1 a OPA-20 e OPC-1 a OPC-20 (Operon technologies Inc.) para detetar o polimorfismo entre os isolados em estudo. A experiência foi repetida três vezes e os resultados foram reprodutíveis. As sequências de iniciadores utilizadas na técnica RAPD são apresentadas a seguir.

Tabela 3.3. Sequência dos iniciadores de oligonucleótidos utilizados em RAPD

S.N.	Sequência
OPA-01	5'-TGA GGG CCG T -3'
OPA-02	5'-TCG TTC ACC C -3'
OPA-03	5'-CAT AGA GCG G-3'
OPA-04	5'-CCA GCA CTT C-3'
OPA-05	5'-CCT GTC AGT G-3'
OPA-06	5'-GGG GAA GAC A-3'
OPA-07	5'-GTG TCA GTG G-3'
OPA-08	5'-CTG GCT CAG A-3'
OPA-09	5'-TGC CAC GAG G-3'
OPA-10	5'-CTG AAG CGC A-3'
OPA-11	5'-AAG ACC GGG A -3'
OPA-12	5'-CCG AGC AAT C -3'
OPA-13	5'-TGT GGA CTG G -3'
OPA-14	5'-GAG AGG CTC C-3'
OPA-15	5'-TGC CTG GAC C -3'
OPA-16	5'-TCC GTG CTG A -3'
OPA-17	5'-GGC AGG TTC A -3'
OPA-18	5'-CTG GTGCTG A -3'
OPA-19	5'-GAC AGT CCC T -3'
OPA-20	5'-TTG ACC CCA G-3'
OPC-01	5'-TTC GAG CCA G -3'
OPC-02	5'-GTG AGG CGT C -3'
OPC-03	5'-GGG GGT CTT T-3'
OPC-04	5'-CCG CAT CTA C-3'
OPC-05	5'-GAT GAC CGC C-3'
OPC-06	5'-GAA CGG ACT C-3'
OPC-07	5'-GTC CCG ACG A-3'
OPC-08	5'-TGG ACC GGT G-3'
OPC-09	5'-CTC ACC GTC C-3'
OPC-10	5'-TGT CTG GGT G-3'
OPC-11	5'-AAA GCT CGC G -3'
OPC-12	5'-TGT CAT CCC C -3'
OPC-13	5'-AAG CCT CGT C -3'

OPC-14	5'-TGC GTG CTT G-3'
OPC-15	5'-GAC GGA TCA G -3'
OPC-16	5'-CAC ACT CCA G -3'
OPC-17	5'-TTC CCC CCA G -3'
OPC-18	5'-TGA GTG GGT G -3'
OPC-19	5'-GTT GCC AGC C -3'
OPC-20	5'-ACT TCG CCA C-3'

3.9.7.1 Normalização da técnica RAPD

A técnica RAPD foi normalizada e foram utilizadas as seguintes condições para a amplificação do ADN de diferentes isolados.

A mistura principal para RAPD foi preparada da seguinte forma

1.	Tampão de ensaio (10x)	2.5 µl
2.	MgCl2 (25Mm)	2.0 µl
3.	dNTPS (20 mM)	1.0 µl
4.	Primário (10 p mol)	1.0 µl
5.	Taq polimerase (3U/pl)	0.4 µl
6.	Amostra de ADN (100 ng)	2.0 µl
7.	Água bidestilada esterilizada	16.1 µl
	Volume total	**25 µl**

Condições utilizadas para a amplificação RAPD

    Fase I: Desnaturação inicial a 94°C durante 4 min.

    Fase-II: Desnaturação a 94°C durante 1 min.

             Recozimento a 37°C durante 3 min e

Extensão a 72°C durante 2 min.

Número de ciclos: 40

Fase-III: Extensão final a 72°C durante 10 min.

Os produtos de PCR amplificados foram submetidos a eletroforese em gel de agarose a 1,0 por cento com 1,0 x TBE como tampão de corrida. Com base na coloração com brometo de etídio (10 mg ml^{-1}), as bandas foram observadas num transiluminador UV. Os perfis das bandas de ADN foram documentados no sistema de documentação do gel (Alpha Innotech) e comparados com uma escada de ADN de 1 kb.

3.9.7.2 . Pontuação e análise de dados

Os géis foram classificados de acordo com a presença (1) ou ausência (0) da banda correspondente nos diferentes isolados. Foi atribuída uma pontuação de "1" à presença e de "0" à ausência de bandas. Os dados binários gerados foram analisados quanto à semelhança genética utilizando o programa UPGMA (unweighted pair group arithmetic mean) do software NTSYSpc versão 2.11. Os dendrogramas obtidos serviram de base para avaliar o parentesco genético das estirpes de isolados bacterianos em relação às subespécies padrão.

A matriz de dados assim gerada foi utilizada para calcular o coeficiente de semelhança de Jaccard para cada comparação entre pares. Os coeficientes foram calculados em sílica utilizando a seguinte fórmula.

Coeficiente de semelhança = a/n

Onde,

a = Número de bandas correspondentes para cada par de comparações

n = Número total de bandas observadas em duas amostras.

3.9.8 . Amplificação do rDNA 16S de isolados de bactérias antagonistas

A sequência 16S rDNA foi selecionada para a identificação de potenciais agentes de biocontrolo. O rDNA 16S de um isolado potencialmente antagonista foi amplificado utilizando os iniciadores 27 F e 1525 R (Lane, 1991). As sequências dos iniciadores são indicadas a seguir

27F - 5'- AGAGTTTGATCMTGGCTCAG- 3'

1525 R- 5'- AAGGAGGTGWTCCARCC - 3'

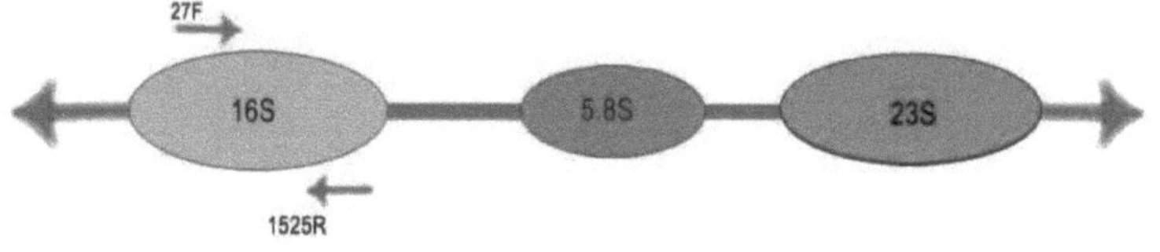

Neste contexto, a técnica de PCR foi normalizada, tendo sido utilizados os seguintes componentes para a amplificação do rDNA 16S.

1.	Tampão de ensaio (10x)	2.5 µl
2.	MgCl2 (25 mM)	2.0 µl

3.	dNTPs (20 mM)	1.0 µl
4.	Primário direto (27F) (10p mol)	2.0 µl
5.	Primário inverso (1525R) (10p mol)	2.0 µl
6.	Taq polimerase (3U/ Lil)	0.4 µl
7.	Amostra de ADN (100 ng)	2.0 µl
8.	Água esterilizada bidestilada	13.1 µl
	Volume total	**25.0 µl**

A amplificação do rDNA 16S foi efectuada nas seguintes condições.

Fase I: Desnaturação inicial a 94°C durante 4 minutos.

Fase-II: Desnaturação de 94°C durante 1,0 min

       Recozimento a 55,4°C durante 1 min e

       Extensão a 72°C durante 1,5 min.

       Número de ciclos: 35

Fase-III: Extensão final a 72°C durante 5 min.

Os produtos amplificados foram visualizados num gel de agarose a 1,0%.

3.9.9 . Método de purificação em gel

O rDNA 16S amplificado do ADN do potencial antagonista bacteriano foi extraído do fragmento de 1500 pb presente no gel e purificado utilizando o método do kit de purificação de gel descrito por chromous biotech Pvt.Ltd. (Bangalore).

3.9.10 . Alinhamento da sequência 16S rDNA de GRE-9 com as sequências disponíveis no banco de dados de sequências específicas de rDNA

A sequência 16S rDNA do GRE-9 foi alinhada utilizando o programa blast, a fim de conhecer a semelhança com as sequências disponíveis na base de dados NCBI. Será considerada a sequência que tiver apresentado a maior homologia com a sequência disponível. Com base nesta informação, foi identificado o isolado potencialmente antagonista GRE-9.

3.9.11 . Análises estatísticas

Sempre que necessário, os dados foram analisados estatisticamente (Gomez e Gomez, 1984). Foi utilizado o delineamento completamente aleatório (CRD) para o crescimento total, experimento de cultura em vaso, técnica de cultura dupla, técnica de alimento envenenado e CRD de duas vias para o método espetrofotométrico e os tratamentos foram comparados a $P < 0,05$.

CAPÍTULO 4
RESULTADOS

Os resultados da presente investigação sobre "Caracterização molecular de potenciais agentes de biocontrolo e gestão integrada de *S.rolfsii* (Sacc.) que causa a podridão do caule do amendoim" são aqui apresentados:

4.1 Inquérito

Foi efectuado um inquérito de campo preliminar para conhecer a incidência da podridão do caule causada por *S. rolfsii* nos principais mandatos de cultivo de amendoim dos distritos de Kadapa e Chittoor da região de Rayalaseema de Andhra Pradesh, a fim de estimar a percentagem de incidência da doença (PDI) em dois mandatos, nomeadamente Kattuluru/Vempalli (8,0%) e Gollapalli (5,8%) do distrito de Kadapa e noutros quatro mandatos, *nomeadamente* Kalikiri (3,0%), Kothapalli (5,0%), Nallacheruvupalli (1,0%), Tirupati (6,7%) do distrito de Chittoor foram objeto de inquérito e a incidência máxima da doença foi observada na aldeia de Kattuluru do distrito de Kadapa e a menor incidência da doença foi observada em Nallacheruvupalli (1,0%) no distrito de Chittor. Em cada aldeia, foram seleccionados 2 a 3 campos e uma área de 1 m^2 foi escolhida como representativa de todo o campo em 10 pontos aleatoriamente e contou-se o número de plantas doentes e saudáveis nessa área.

4.2 O agente patogénico

4.2.1 Isolamento do agente patogénico

Um total de 12 isolados de *S.rolfsii* foram recolhidos em dois mandatos, nomeadamente, Kattuluru/Vempalli village, Gollapalli do distrito de Kadapa e outros quatro mandatos, nomeadamente, Kalikiri, Kothapalli, Nallacheruvupalli, Tirupati/RARS do distrito de Chittoor, respetivamente, tendo sido obtidos 6 isolados do solo e 6 isolados das raízes. Todos os isolados foram armazenados no frigorífico a 4° c para estudos posteriores. Com base nos seus caracteres físicos da doença da podridão do caule foram seleccionados e os sintomas foram identificados no campo, como a secagem das folhas e a murchidão dos ramos (ou) toda a superfície da planta está rodeada de micélio branco (placa-4.1). Quando as plantas infectadas foram arrancadas, observou-se um crescimento micelial excessivo nas raízes, no caule e na região do colo (placa 4.2).

4.2.2 Identificação do agente patogénico

O micélio do fungo tinha uma cor esbranquiçada sedosa e, mais tarde, adquiriu um aspeto de leque (placa 4.3). Na fase de maturação, os corpos escleróticos produziam um líquido semelhante ao orvalho de mel na sua superfície. Nesta fase, formaram-se nós miceliais na cultura pura que deram origem a corpos esclerócios esbranquiçados, que mais tarde se transformaram em estruturas semelhantes a sementes de mostarda de cor castanha escura, brilhantes, duras e de forma esférica a irregular. O tamanho destes corpos escleróticos variava de 1,0 a 3,0 mm de diâmetro (placa 4.4). Os caracteres morfológicos e de colónia do micélio e dos esclerócios estavam de acordo com relatórios anteriores. Assim, o fungo objeto da presente investigação foi identificado como *S.rolfsii* (Sacc.)

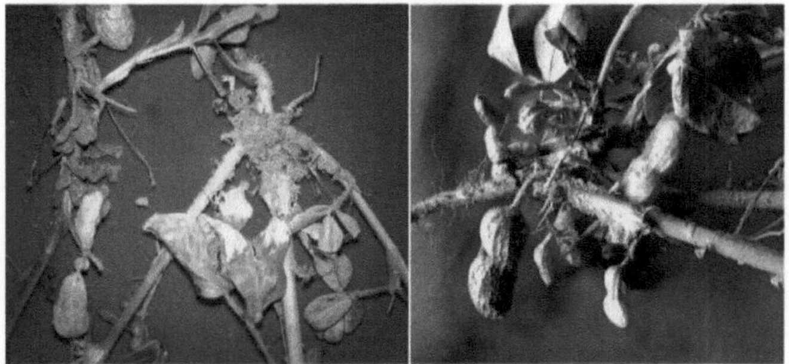

Placa 4.1: Plantas de amendoim afectadas pela podridão do caule com crescimento micelial esbranquiçado de *S.rolfsii*

Placa 4.2: Sintomas em diferentes partes da *planta* de amendoim: caule, raízes e vagens

Placa 4.3: Cultura pura de *Sclerotiumrolfsii* (Sacc.) em meio de ágar batata-dextrose

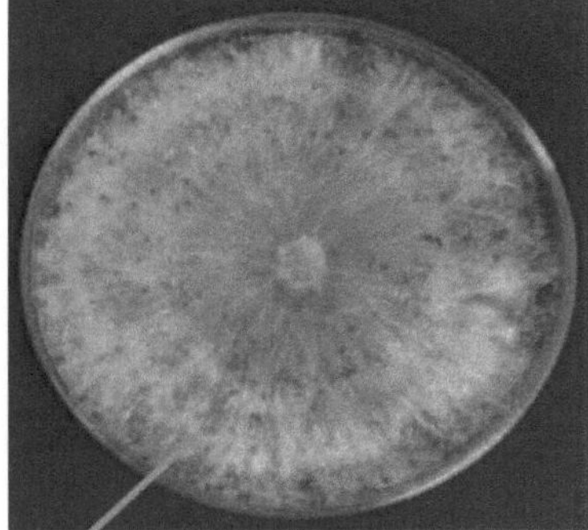

Placa 4.4: Fase esclerocial de *S.rolfsii* (os corpos esclerociais são indicados por uma seta)

4.2.3 . Teste de patogenicidade

O método de inoculação no solo foi utilizado para provar a patogenicidade de *S. rolfsii*. Um total de 10 sementes de amendoim foram semeadas em cada vaso de 25 cm de diâmetro (esterilizado) e o agente patogénico foi inoculado a 100g/kg de solo. Após 48 horas, observou-se o crescimento do agente patogénico com crescimento micelial esbranquiçado na superfície do solo.

Observou-se a podridão pré-emergente das plântulas e as plantas que estavam vivas mostraram murchamento e secagem das folhas e do caule, começando na região do colo e avançando para as raízes e também para cima (placa 4.5 a,b)

Os postulados de Koch foram cumpridos no reisolamento, o agente patogénico mostrou caracteres semelhantes aos do agente patogénico original isolado do campo.

4.3 Estimativa da curva de reação à doença

4.3.1 Efeito do inóculo graduado de *S. rolfsii*

A variedade de amendoim TCGS-888 (GREESHMA) foi avaliada contra cinco níveis de inóculo, a saber, 25 g, 50 g, 75 g, 100 g e 125 g de *S. rolfsii*. A doença foi avaliada em diferentes intervalos de tempo, após 10 dias os sintomas de *S. rolfsii* são observados em relação a dois parâmetros, nomeadamente a percentagem de germinação e a percentagem de incidência da doença.

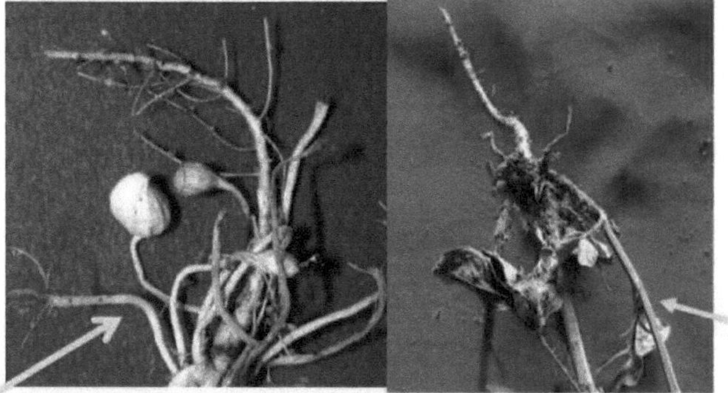

Placa 4.5 a: Raízes saudáveis não afectadas pela podridão do caule (esquerda) e raízes saudáveis afectadas (direita)

Placa 4.5 b: Plantas afectadas pela podridão do caule (esquerda) e plantas saudáveis (direita)

A percentagem e a percentagem de incidência de doenças do amendoim em cada um dos tratamentos. Os resultados são apresentados na tabela 4.1 (placa 4.6). Nos estágios iniciais de pré-emergência, observou-se o apodrecimento de sementes e plântulas (placa 4.7).

4.3.2 Efeito do inóculo de *S.rolfsii* na percentagem de germinação do amendoim

A partir dos dados (Placa 4.6, Tabela 4.1 e Fig. 4.1a), ficou claro que a percentagem máxima de germinação (100%) foi registada no controlo (sem patogénico), seguida do tratamento com 25 g/kg de inóculo, que mostrou uma percentagem de germinação de 86,41%.

A percentagem mínima de germinação (24,68%) foi registada a um nível de inóculo de 125 g/kg de solo. De acordo com os resultados, a percentagem de germinação em todos os tratamentos diminuiu significativamente com o aumento dos níveis de inóculo. Em geral, a maior inibição da germinação de sementes foi observada a um nível de inóculo de 125 g/kg de solo.

4.3.3 Percentagem de incidência da doença

A incidência percentual da doença aumentou significativamente com o aumento da quantidade de inóculo (Quadro 4.1, Placa 4.7 e Fig. 4.1b).

A percentagem máxima de incidência da doença (100,00%) foi registada no nível de inóculo mais elevado (125 g/kg de solo) e o PDI mínimo (21,35%) foi registado no nível de inóculo de 25 g/kg de solo.

Tabela 4.1: Efeito de diferentes níveis de inóculo de *S.rolfsii* na percentagem de germinação e incidência da doença da podridão do caule do amendoim

S.N.	Após a sementeira quantidade de inóculo (g/kg) de solo	Percentagem de germinação	Incidência percentual da doença (PDI)
1	25	86.41(68.36)	21.35 (27.52)
2	50	78.9(62.65)	37.12 (37.53)
3	75	65.78(54.19)	56.67 (47.67)

4	100	45.60(42.47)	79.98 (63.42)
5	125	24.68(29.78)	100.00 (90.00)
6	Controlo	100.00(90.00)	0.00
	CD 0,05%	5.765	5.922
	S.Em ±	1.829	1.879

Os valores entre parêntesis são valores angulares transformados * Média de três repetições

Placa 4.6: Efeito de diferentes níveis de quantidade de inóculo de *S.rolfsii* na incidência da doença do apodrecimento do caule

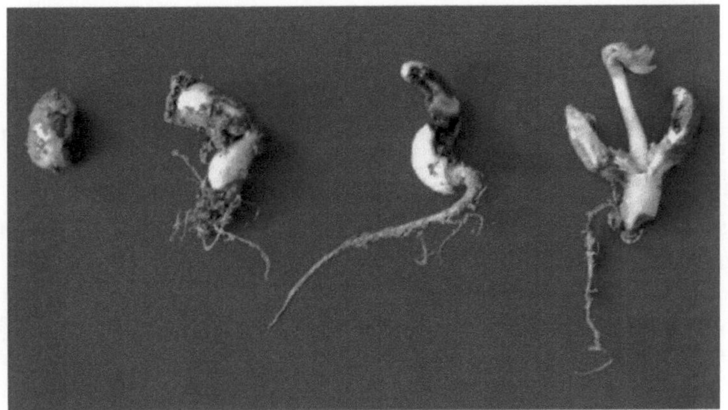

Placa 4.7: Enraizamento pré-emergência de sementes e plântulas com S.*rolfsii*
Fig. 4.1a: Efeito dos níveis de inóculo na percentagem de germinação da
variedade de amendoim
TCGS-888 em cultura em vaso

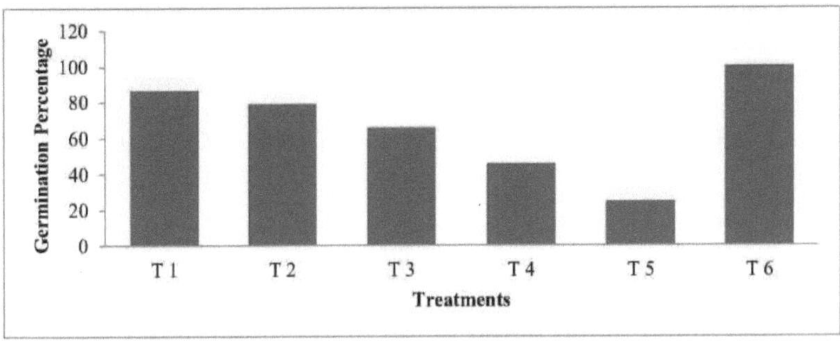

T 6 - Controlo T 1 - 25 g/kg Após a sementeira, quantidade de inóculo no solo
T 2 - 50 g/kg Após a sementeira, quantidade de inóculo no solo
T 3 - 75 g/kg Após a sementeira, quantidade de inóculo no solo
T 4 - 1OO g/kg Após a sementeira, quantidade de inóculo no solo
T 5 - 125 g/kg Após a sementeira, quantidade de inóculo no solo

Fig. 4.1b: Efeito dos níveis de inóculo na incidência percentual da doença na variedade de
amendoim TCGS-888 em cultura em vaso

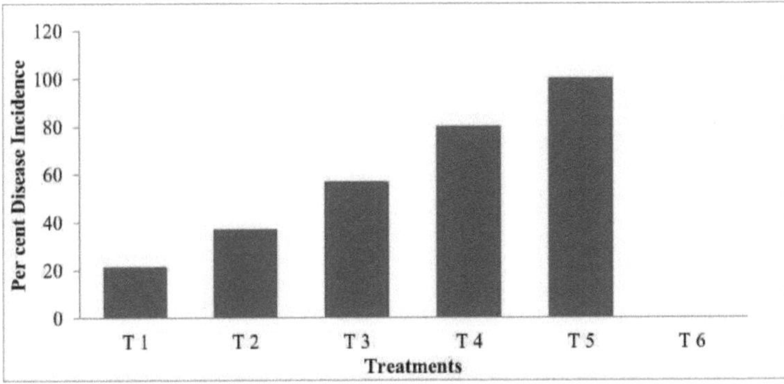

T 1 - 25 g/kg Após a sementeira, quantidade de inóculo no solo
T 2 - 50 g/kg Após a sementeira, quantidade de inóculo no solo

49

T 3 - 75 g/kg Após a sementeira, quantidade de inóculo no solo
T 4 - 100 g/kg Após a sementeira, quantidade de inóculo no solo
T 5 - 125 g/kg Após a sementeira, quantidade de inóculo no solo T 6 - Controlo

Registou-se uma diferença significativa no PDI entre o tratamento 5 (125 gm/kg de solo) e o tratamento 4 (100gm/kg de solo) e também entre todos os tratamentos.

4.4 . Potenciais agentes de biocontrolo tolerantes a fungicidas.
4.4.1 Isolamento da microflora endofítica da rizosfera e da raiz contra *S. rolfsii.*

As bactérias antagonistas da rizosfera e das raízes de plantas de amendoim saudáveis foram isoladas de acordo com o procedimento indicado na secção 3.4.1. A micoflora foi isolada em meio Rose Bengal Agar (RBA) e as bactérias em meio Nutrient Agar (NA). Os antagonistas fúngicos foram purificados pelo método de isolamento de um único esporo e mantidos em meio PDA, enquanto as bactérias foram purificadas pelo método de placa de estrias e as culturas puras mantidas em meio de ágar nutriente (placa 4.8).

Um total de 5 fungos endofíticos e 20 isolados bacterianos endopíticos foram obtidos de raízes, enquanto 6 fungos e 25 bactérias foram obtidos da rizosfera do amendoim.

As bactérias da rizosfera foram designadas como GRB -1 a GRB -25, seguidas das bactérias endofíticas da raiz designadas como GRE-1 a GRE-20. Com base na colónia e nos caracteres morfológicos, a micoflora foi identificada. Foram isolados onze isolados de *Trichoderma* (Placa 4.9- Todas as figuras não mostradas).

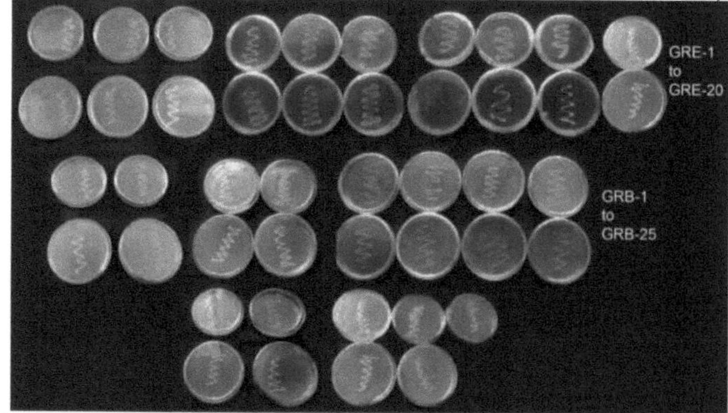

Placa 4.8: Culturas puras de bactérias isoladas da rizosfera e de endófitos radiculares do amendoim

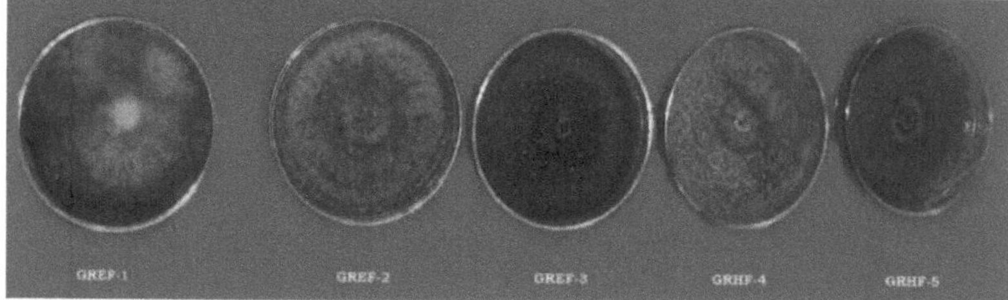

Placa 4.9: Culturas puras de *Trichoderma* isoladas da rizosfera e de endófitos de raízes de amendoim

Estes fungos foram designados como GREF-1 a GREF-3 para os endófitos de raiz e GRHF-4 & GRHF-5 para a rizosfera.

4.4.2 Avaliação *in vitro* da atividade antagonista da microflora contra *S. rolfsii* em cultura dupla

O efeito antagonista da microflora nativa foi avaliado com base na sua capacidade de inibir o crescimento do agente patogénico na técnica de cultura dupla. O efeito destes antagonistas nativos no crescimento micelial do agente patogénico foi calculado e expresso em percentagem de inibição.

4.4.2.1 Eficácia *in vitro* de endófitos de raízes bacterianas sobre *S. rolfsii*

Um total de 20 bactérias endófitas de raízes de amendoim foram testadas quanto à sua eficácia *in vitro* contra o isolado de *S. rolfsii*. Os resultados são apresentados no quadro 4.2 e na placa 4.10.

Entre os 20 endófitos bacterianos de raiz foram testados *in vitro,* o isolado GRE-9 mostrou uma inibição máxima do crescimento de *S. rolfsii* (100%) seguido por GRE-8 (77,78%), GRE-1 (77,70%) & GRE-2 (75,55%), enquanto o isolado GRE-12 mostrou uma inibição mínima (18,88%) por cento (Fig.4.2).

4.4.2.2 Eficácia *in vitro* das bactérias da rizosfera de *S. rolfsii*

Um total de 25 isolados bacterianos da rizosfera do amendoim foram testados quanto à sua eficácia *in vitro* contra o isolado de *S. rolfsii*. Os resultados são apresentados no Quadro 4.3 e nas placas 4.11a e 4.11b.

Tabela 4.2: Avaliação *in vitro* da atividade antagonista dos endófitos bacterianos da raiz sobre *S. rolfsii* na técnica de cultura dupla

Isolar	*Crescimento linear de S. rolfsii* (cm)	Percentagem de inibição do crescimento micelial de *S. rolfsii*
GRE-1	2.1	77.70 (61.86)
GRE-2	2.2	75.55 (60.36)
GRE-3	2.0	76.66 (61.11)
GRE-4	3.7	58.88 (46.53)
GRE-5	3.1	66.66 (54.73)
GRE-6	2.8	68.89 (56.09)
GRE-7	2.43	72.96 (58.83)
GRE-8	2	77.78 (61.88)
GRE-9	**0.0**	**100 (90.00)**
GRE-10	2.83	68.52 (55.87)
GRE-11	5.0	44.00 (41.55)
GRE-12	7.3	18.88 (25.75)
GRE-13	9.0	00.00 (00.00)
GRE-14	3.0	66.66 (54.73)

GRE-15	9.0	00.00 (00.00)
GRE-16	5.1	43.33 (41.16)
GRE-17	5.0	44.44 (41.80)
GRE-18	4.5	50.00 (45.00)
GRE-19	6.0	33.33 (35.26)
GRE-20	5.4	40.00 (38.58)
Controlo	9	0
CD(0,05)	-	8.894
S.Em±	-	2.021

Os valores entre parêntesis são valores angulares transformados * Média de três repetições

Tabela 4.3: Avaliação *in vitro* da atividade antagonista das bactérias da rizosfera sobre *S. rolfsii* na técnica de cultura dupla

Isolar	*Crescimento linear de *S. rolfsii* (cm)	Percentagem de inibição do crescimento micelial de *S. rolfsii*
GRB-1	4.0	55.56 (48.19)
GRB-2	4.7	47.78 (43.72)
GRB-3	5.0	44.44 (41.80)
GRB-4	**0.0**	**100.00 (90.00)**
GRB-5	4.5	50.00 (45.00)
GRB-6	4.2	53.33 (46.90)
GRB-7	4.6	48.89 (44.36)
GRB-8	6.8	24.44 (29.62)
GRB-9	4.4	51.11(45.63)
GRB-10	5.5	38.89 (38.58)
GRB-11	3.9	55.93 (48.40)
GRB-12	3.1	65.19 (53.84)
GRB-13	2.5	72.22 (58.19)
GRB-14	3.4	62.00 (51.94)
GRB-15	3.6	60.00 (50.76)
GRB-16	**1.3**	**85.55 (67.65)**
GRB-17	3.0	66.66 (54.73)
GRB-18	2.0	77.41(61.62)
GRB-19	3.3	63.33(52.73)

GRB-20	1.8	80.00 (63.43)
GRB-21	6.6	26.67 (31.09)
GRB-22	6.8	24.44 (29.62)
GRB-23	5.1	43.33 (41.16)
GRB-24	8.0	11.11(19.47)
GRB-25	6.0	33.33 (35.26)
Controlo	9	0
CD(0,05)	-	7.48
S.Em±	-	2.65

Os valores entre parêntesis são valores angulares transformados * Média de três repetições

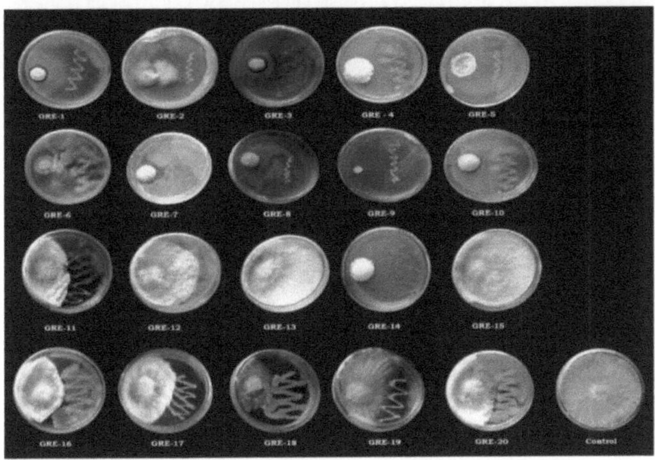

Placa 4.10: Avaliação *in vitro* da atividade antagonista de bactérias endófitas de raízes sobre *S.rolfsii* em técnica de cultura dupla

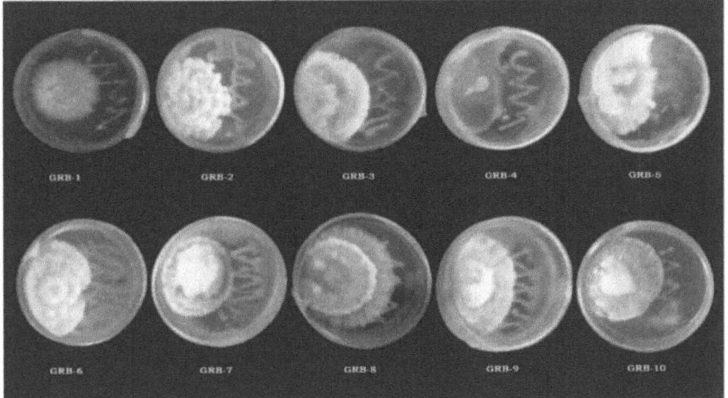

Placa 4.11a: Avaliação *in vitro* da atividade antagonista das bactérias da rizosfera

sobre *S.rolfsii* na técnica de cultura dupla

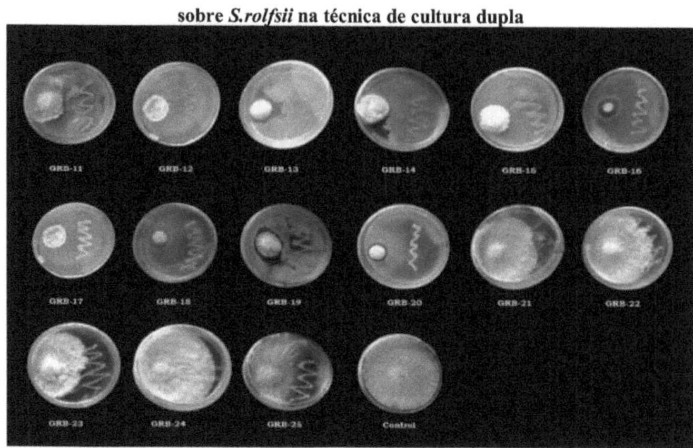

**Placa 4.11 b: Avaliação *in vitro* da atividade antagonista das bactérias da rizosfera
sobre *S.rolfsii* em técnica de cultura dupla**

Fig. 4.2: Avaliação *in vitro* da atividade antagonista dos endófitos de raízes bacterianas
contra *S. rolfsii através da* técnica de cultura indual

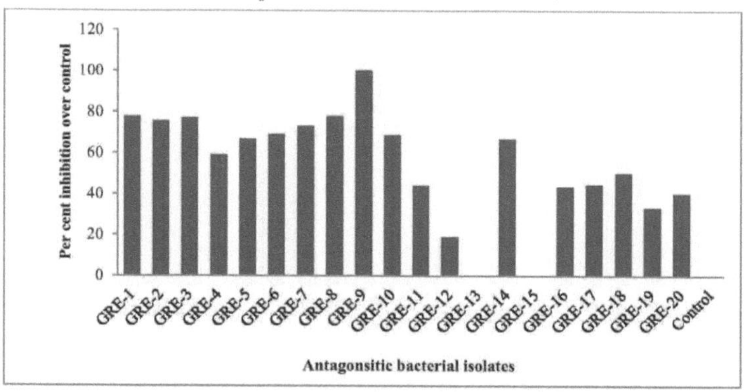

Entre eles, o GRB-4 mostrou a inibição máxima (100,00 %) do crescimento de *S. rolfsii*, seguido pelo GRB-16 (85,55%) e GRB-20 (80,00%).

O isolado GRB -24 registou a menor percentagem de inibição (11,11%) (Fig.4.3).

4.4.2.3 Avaliação in *vitro* da atividade antagonista de *Trichoderma* spp isolado da rizosfera e das raízes sobre *S. rolfsii* em técnica de cultura dupla

Os dados relativos ao crescimento e à percentagem de inibição do agente patogénico na técnica de cultura dupla são apresentados no quadro 4.4. Os isolados *de Trichoderma* mostraram uma redução significativa no crescimento micelial de *S. rolfsii* quando comparados com o controlo. Os dados revelaram que o GRHF-4 (Quadro 4.4 e placa 4.12) foi superior (75,55%), seguido do GREF-1 (55,55%) na inibição do crescimento de *S. rolfsii*, enquanto o isolado GREF -3 registou a menor inibição percentual (44,44%) quando comparado com outros isolados na redução do crescimento micelial de S. *rolfsii* (Fig.4.4).

Fig 4.3: Avaliação *in vitro* da atividade antagonista de isolados bacterianos da rizosfera contra *S.rolfsii* na técnica
de cultura dupla

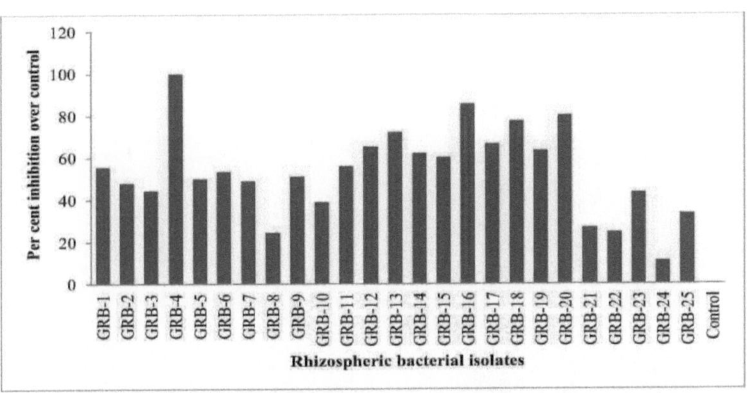

Fig 4.4: Avaliação *in vitro* da atividade antagonista de *Trichoderma* spp isolado da rizosfera e das raízes sobre *S. rolfsii* em técnica de cultura dupla

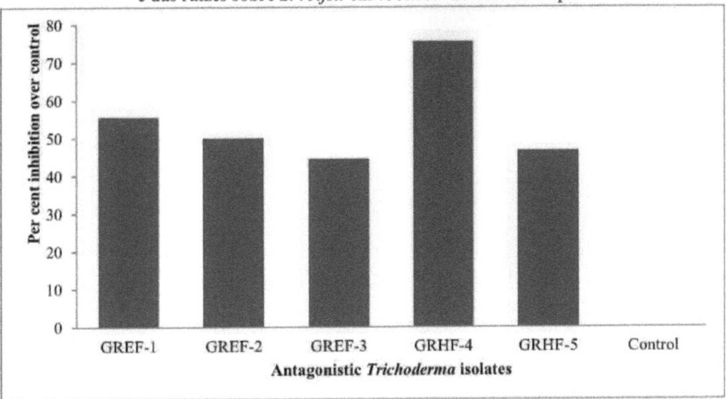

Tabela 4.4: Avaliação *in vitro* da eficácia de isolados de *Trichoderma* contra *S. rolfsii* na técnica de cultura dupla

Isolar	*Crescimento linear de S. rolfsii* (cm)	Percentagem de inibição do crescimento micelial de *S. rolfsii*
GREF-1	4.0	55.55 (48.18)
GREF-2	4.5	50 (45.00)
GREF-3	5.0	44.44 (41.80)
GRHF-4	**2.2**	**75.55 (60.36)**
GRHF-5	4.8	46.66 (43.08)
Controlo	9.0	0
CD (0,05)		4.236
S.Em±		1.344

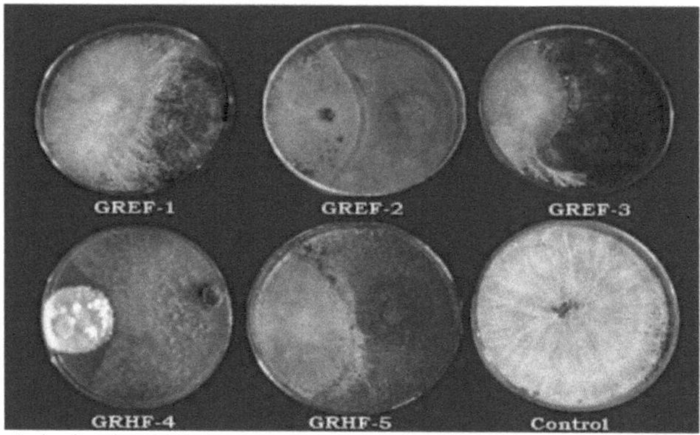

Placa 4.12: Avaliação *in vitro* da atividade antagonista de *Trichoderma* GREF & GRHF sobre *S.rolfsii* em técnica de cultura dupla

4.5 Avaliação de antagonistas contra o agente patogénico *S.rolfsii.* testado *in vitro*

4.5.1 Antibiótico

A antibiose é o antagonismo mediado por metabolitos específicos ou não específicos de origem microbiana, nomeadamente agentes líticos, enzimas, compostos voláteis ou outras substâncias tóxicas.

O efeito dos metabolitos voláteis e não voláteis produzidos pelas bactérias potencialmente antagonistas sobre *S.rolfsii* foi estudado *in vitro.*

4.5.2 Efeito dos metabolitos voláteis e não voláteis do antagonista bacteriano no crescimento radial de *S.rolfsii in vitro*

Os resultados experimentais *in vitro* (Tabela 4.5 e Fig. 4.5) revelaram que os metabolitos voláteis produzidos pela bactéria antagonista GRE-9 mostraram uma inibição máxima do crescimento micelial de *S.rolfsii* de 86,66%, seguido de GRE-13 (80,00%) e GRB-16 (72,20%) e GRB-20 mostrou a menor inibição (50,00%) contra S.rolfsii (Placa 4.13).O efeito inibitório do antagonista bacteriano em *S.rolfsii* pode dever-se à produção de alguns metabolitos voláteis como o cianeto de hidrogénio.

Os resultados do efeito dos compostos não voláteis do antagonista bacteriano contra o agente patogénico testado são apresentados (Quadro 4.6, Placa 4.14). O efeito dos filtrados de cultura das bactérias antagonistas no crescimento radial de *S.rolfsii* indicou que os antagonistas não tiveram qualquer ação inibidora no crescimento de *S.rolfsii* em relação ao controlo *in vitro.*

Quadro 4.5: Avaliação *in vitro* da eficácia dos metabolitos voláteis produzidos por bactérias antagonistas no crescimento de *S. rolfsii*

S.N.	Antagonistas bacterianos	*Crescimento de S.rolfsii* (mm)	Percentagem de inibição do crescimento do *S.rolfsii*

1	GRB - 20	4.5	50.00 (45.00)
2	GRB - 16	2.5	72.20 (58.17)
3	GRE - 19	2.9	67.77 (55.40)
4	GRE - 13	1.8	80.00 (63.43)
5	**GRE - 9**	**1.2**	**86.66 (68.57)**
6	Controlo	9.0	-
	CD(0,05)	-	3.355
	SEm±	-	1.064
Os valores entre parêntesis são valores angulares transformados * Média de três repetições			

Quadro 4.6: Avaliação *in vitro* da eficácia dos metabolitos não voláteis produzidos por bactérias antagonistas no crescimento de *S. rolfsii*

S.N.	Bacteriana Antagonistas	*Crescimento de *S.rolfsii* (mm)	Percentagem de inibição do crescimento do *S.rolfsii*
1	GRB - 20	9.0	0.0
2	GRB - 16	9.0	0.0
3	GRE - 19	9.0	0.0
4	GRE - 13	9.0	0.0
5	GRE - 9	9.0	0.0
6	Controlo	9.0	0.0

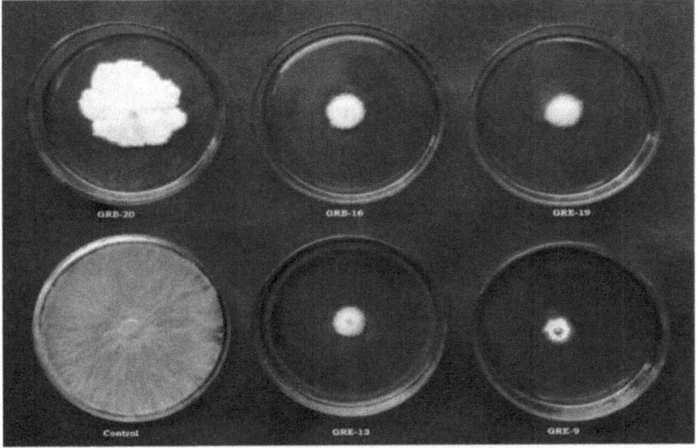

Placa 4.13: Avaliação *in vitro* da eficácia dos metabolitos voláteis produzidos por bactérias antagonistas

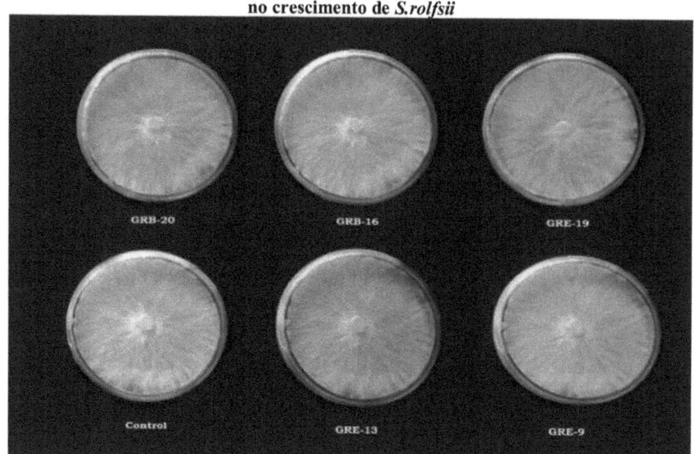

Placa 4.14: Avaliação *in vitro* da eficácia de metabolitos não voláteis produzidos por bactérias antagonistas no crescimento de *S.rolfsii*

Fig. 4.5: Avaliação *in vitro* da eficácia dos metabolitos voláteis produzidos por bactérias antagonistas sobre o crescimento de *S. rolfsii*

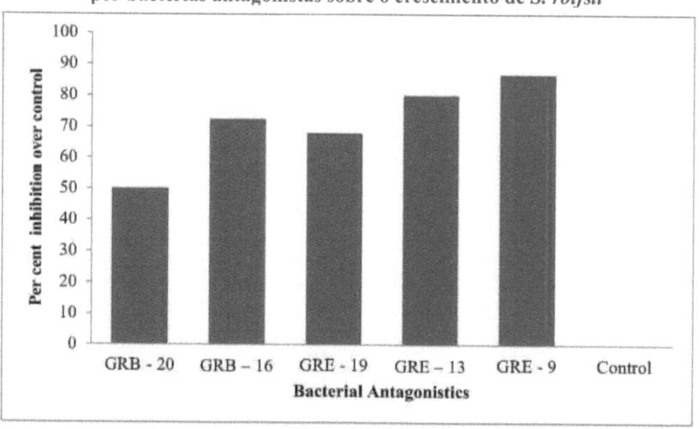

4.6. Identificação da compatibilidade entre potenciais antagonistas bacterianos em condições *in vitro*

4.6.1 Compatibilidade do endófito bacteriano antagonista da raiz (GRE-9, GRB-16 e GRB - 20) com diferentes fungicidas

As bactérias antagonistas de elevado potencial GRE-9 de isolados endofíticos da raiz e GRB-16 & GRB-20 de isolados da rizosfera foram seleccionadas para estudos de compatibilidade fungicida, uma vez que mostraram uma inibição máxima do crescimento de *S.rolfsii* em estudos de cultura dupla, quando comparadas com todos os outros antagonistas. Foi utilizado um método espetrofotométrico para avaliar a compatibilidade dos isolados bacterianos GRE-9, GRB-16 e GRB-20 com diferentes fungicidas e os resultados são apresentados no Quadro 4.7 e na Figura 4.6. Entre eles, o isolado GRE-9 foi mais compatível com o mancozebe (1,260), seguido do oxicloreto de cobre (1,120) e do carbendazime (0,971), tendo-se registado uma menor compatibilidade com o tiofanato metílico (0,596)

Valores mais elevados de DO a 600 nm indicam uma elevada compatibilidade do antagonista com esse fungicida específico.

Para o isolado fúngico, foi utilizada a técnica de alimentos envenenados e para os isolados bacterianos foi utilizado o método espetrofotométrico para avaliar a compatibilidade com diferentes fungicidas.

Tabela 4.7: Avaliação *in vitro* da compatibilidade dos isolados bacterianos potencialmente antagonistas GRE-9, GRB-16 e GRB-20 com diferentes fungicidas

Fungicida	Crescimento dos isolados bacterianos (OD a 600nm)		
	GRE-9	GRB -16	GRB - 20
Mancozebe (0,2%)	1.260	0.865	0.924
Carbendazim (0,1%)	0.971	0.797	0.830
Oxicloreto de cobre (0,2%)	1.120	0.976	0.821
Tiofanato metílico (0,1%)	0.596	0.436	0.587
Hexaconazol (0,1%)	0.615	0.450	0.463
Propiconazol (0,1%)	0.702	0.587	0.652
Controlo	1.350	1.240	1.484
CD (0,05)	0.088	0.062	0.025
SEm±	0.030	0.021	0.08

Fig. 4.6: Avaliação *in vitro* da compatibilidade de potenciais isolados bacterianos (GRE-9, GRB-16, GRB-20) com diferentes fungicidas pelo método espetrofotométrico

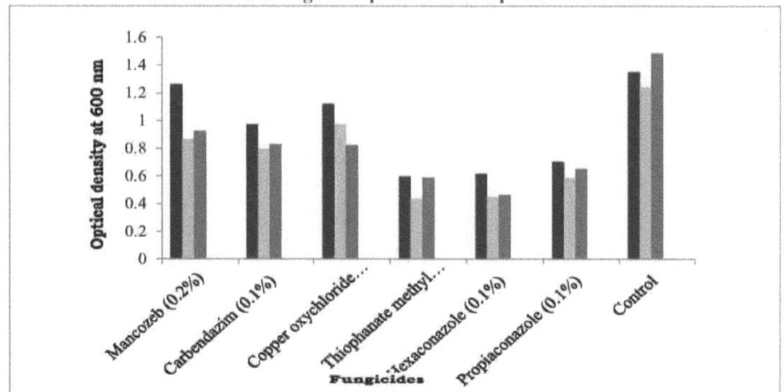

4.6.2 . Avaliação *in vitro* da eficácia de fungicidas contra *S. rolfsii*

Um dos objectivos da presente investigação é incluir um fungicida eficaz em combinação com um potencial agente de biocontrolo como uma abordagem integrada para gerir *S.rolfsii* em condições de estufa.

Tendo isto em conta, tentou-se encontrar um fungicida promissor contra *S.rolfsii* em condições *in vitro*. A eficácia de dois fungicidas não sistémicos, o oxicloreto de cobre e o mancozebe, em duas concentrações diferentes, 1000 e 2000 ppm, e de quatro fungicidas sistémicos, o hexaconazol e o propiconazol, o carbendizum e o tiofanato metílico, a 1000 e 2000 ppm, foi avaliada contra *S. rolfsii*, utilizando a técnica do alimento envenenado, de acordo com o procedimento indicado na secção 3.6.3.

É evidente a partir dos dados (Quadro 4.8 e Fig. 4.7) que, entre todos os fungicidas sistémicos testados, o hexaconazol, o propiconazol e o tiofanato metílico mostraram uma inibição de 100% (Placas 4.15, 4.16 e 4.17), seguidos do carbendizum, que mostrou uma inibição de 51,11 a 75,55% (Placa 4.18) com o aumento da concentração de 1000 para 2000 ppm, com uma inibição média de 63,33%.

Quadro 4.8: Avaliação *in vitro* da eficácia de diferentes fungicidas no crescimento micelial de *S.rolfsii* em técnica alimentar envenenada

S.N.	Fungicidas	Concentração(PP^m)	Crescimento micelial do agente patogénico (cm)*	Percentagem de inibição em relação ao controlo	Média
1.	Carbendazim	1000	4.4	51.11 (45.36)	63.33 (52.73)

		2000	2.2	75.55 (60.36)	
2.	Hexaconazol	1000	0.0	100.00 (90.00)	100.00 (90.00)
		2000	0.0	100.00 (90.00)	
3.	Propiconazol	1000	0.0	100.00 (90.00)	100.00 (90.00)
		2000	0.0	100.00 (90.00)	
4.	Tiofante metílico	1000	0.0	100.00 (90.00)	100.00 (90.00)
		2000	0.0	100.00 (90.00)	
5.	Oxicloreto de cobre	1000	4.0	43.70 (41.38)	47.21 (43.41)
		2000	4.5	50.73 (45.42)	
6.	Mancozebe	1000	0.0	100.00 (90.00)	100 (90.00)
		2000	0.0	100.00 (90.00)	
7.	Controlo	-	9.0	-	

	-	9.0	-	
C.D (0,05)				3.621
S. Em ±				2.063
* Média de três repetições Os valores entre parêntesis são valores angulares transformados				

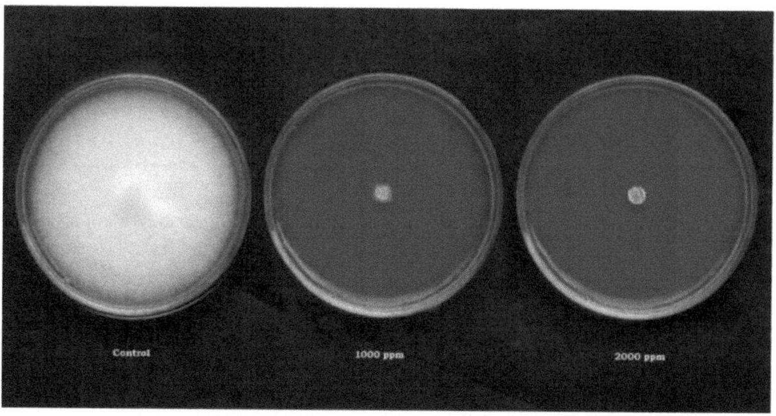

Placa 4.15: Eficácia *in vitro* do hexaconazol no crescimento micelial de *S.rolfsii* através da técnica de alimentos envenenados

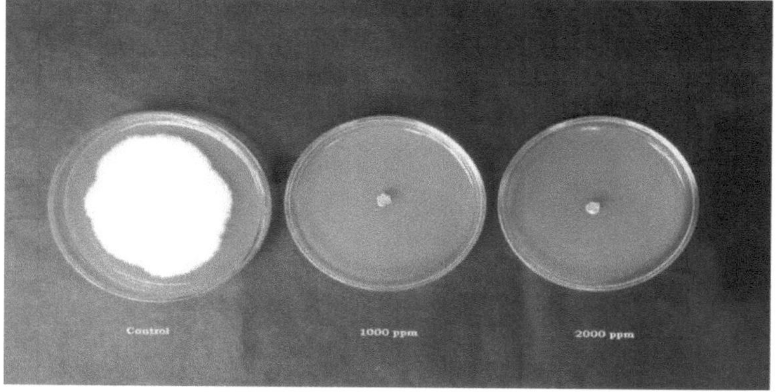

Placa 4.16: Eficácia *in vitro* do propiconazol no crescimento micelial de *S.rolfsii* através da técnica de alimentos envenenados

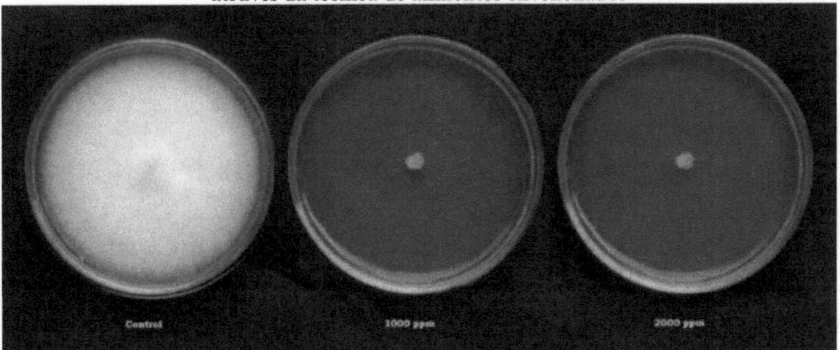

Placa 4.17: Eficácia *in vitro* do tiofanato-metilo no crescimento micelial de *S.rolfsii* através da técnica dos alimentos envenenados

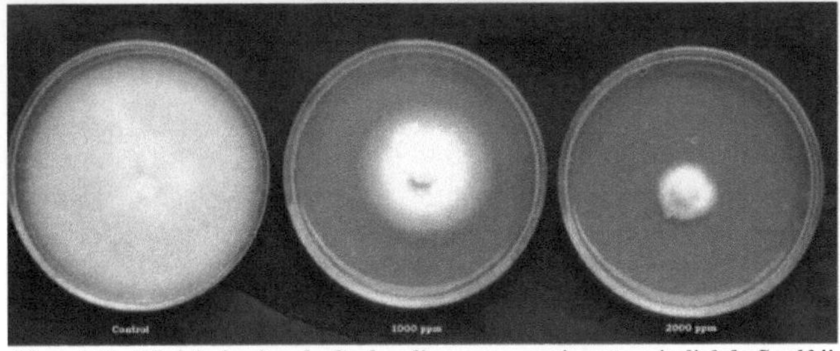

Placa 4.18: Eficácia *in vitro* do Carbendizum no crescimento micelial de *S.rolfsii* através da técnica de alimentos envenenados

Fig.4.7: Avaliação *in vitro* de diferentes fungicidas sobre o crescimento micelial de *Sclerotium rolfsii* na técnica dos alimentos envenenados

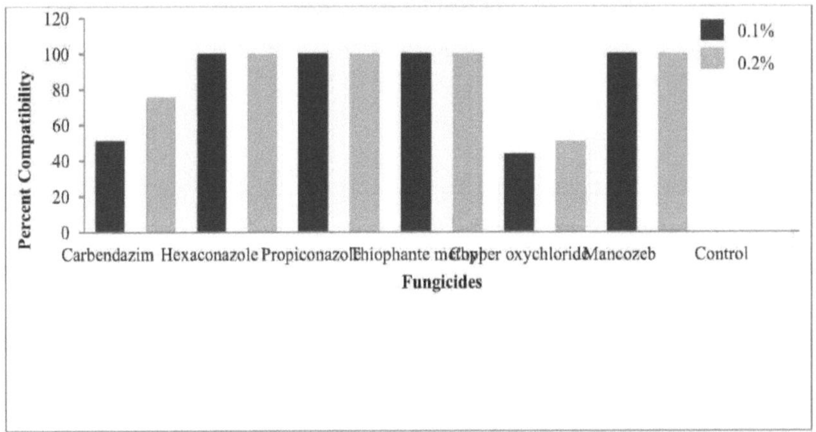

Enquanto que o fungicida não sistémico mancozeb (Placa 4.19) mostrou uma inibição de 100 por cento seguido de oxicloreto de cobre (Placa 4.20) mostrou uma inibição de 43,70 a 50,73 por cento com o aumento da concentração de 1000 a 2000 ppm com uma inibição média de 47,21 por cento.

4.7. Multiplicação em massa e desenvolvimento de formulações à base de talco

4.7.1 Multiplicação em massa de potenciais agentes de biocontrolo

O agente patogénico foi multiplicado em massa em sementes de sorgo e adicionado ao solo a 100 g /kg^{-1} na altura da sementeira.

4.7.2 Preparação de uma formulação à base de talco do antagonista bacteriano GRE-9

A formulação à base de talco do potencial antagonista bacteriano GRE -9 foi preparada seguindo o procedimento indicado na secção 3.7.1 (placa 4.21). A população foi estimada na formulação à base de talco após a preparação e antes do uso e foi de 2,0 x 105 cfu/g). A formulação à base de talco do antagonista bacteriano foi aplicada a 100 g por vaso antes da sementeira e os seus caracteres de coloração de gramas foram observados (Placa 4.21a).

4.8. Gestão integrada da podridão do caule do amendoim em estudos de cultura em vaso

A variedade de amendoim TCGS-888 (GREESHMA) foi utilizada para estudos de cultura em vaso. Os diferentes tratamentos foram impostos como indicado na secção 3.8.1. Os resultados são apresentados no Quadro 4.9.

Quadro 4.9: Gestão integrada da podridão do caule do amendoim em experiências de cultura em vaso

Tratamento Não	Tratamento	Por cento Doença Incidência	Altura da planta (cm)	Comprimento da raiz (cm)	Peso seco de cada planta (g)	
					Atirar	Raiz
T1	Aplicação no solo de um potencial agente de biocontrolo (*Alcaligenes faecalis*)	33.45	18.2	7.0	2.8	0.49
T2	Irrigação do solo com fungicida compatível (Mancozeb)	29.21	17.6	6.0	2.1	0.57

T3	T1+T2	18.87	18.9	7.9	3	0.71
T4	Tratamento de sementes com um potencial agente de biocontrolo (*Alcaligenes faecalis*)	40.30	20.4	9.3	3.2	0.58
T5	Tratamento de sementes com fungicida (Mancozeb)	43.46	22.1	8.6	3.75	0.51
T6	T4+T5	15.60	24.7	8.5	4.1	0.61
T7	**T3+T6**	**10.09**	**27.45**	**11.5**	**4.9**	**1.20**
T8	Controlo inoculado	70.94	13.5	5.6	1.62	0.27
T9	Controlo não inoculado	0.00	15.3	7.4	1.92	0.36
CD(0,05)		2.515	5.98	4.560	2.888	1.578

S.Em±		0.839	1.99	1.521	0.963	0.526

* Média de três repetições
Os valores entre parêntesis são valores angulares transformados

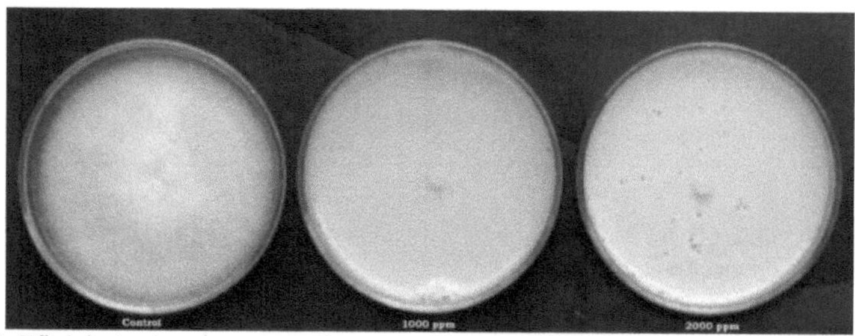

Placa 4.19: Eficácia *in vitro* do mancozebe no crescimento micelial de *S.rolfsii* através da técnica do alimento envenenado

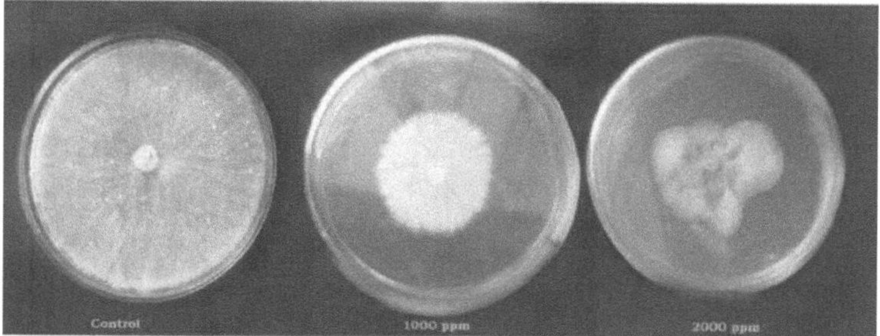

Placa 4.20: Eficácia *in vitro* do oxicloreto de cobre no crescimento micelial de *S.rolfsii* através da técnica dos alimentos envenenados

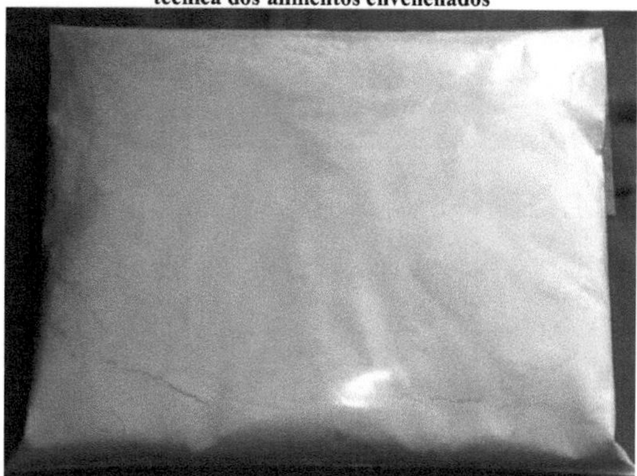

Placa 4.21: Formulação à base de talco do potencial isolado bacteriano GRE-9

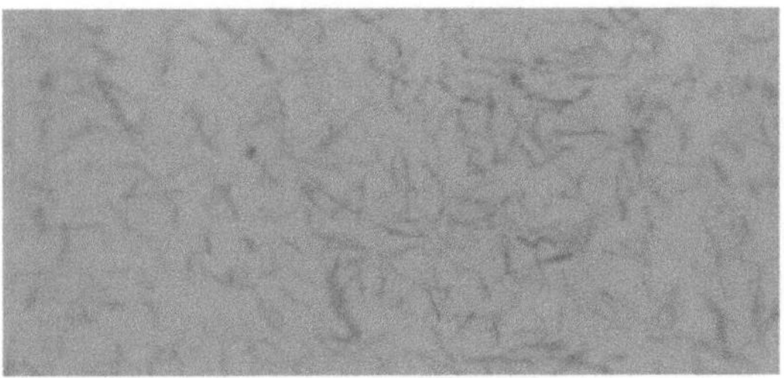

Placa 4.21a: Fotomicrografia de *Alcaligenes faecalis* (GRE-9) 40x

Coloração de Gram: bactérias gram-negativas em forma de bastonete Teste bioquímico: Teste da oxidase e teste da catalase positivos

4.8.1 Multiplicação em massa de *S.rolfsii*

O agente patogénico foi multiplicado em massa em sementes de sorgo (placa 4.22) e adicionado ao solo na altura da sementeira a 100 g kg^{-1} do solo.

4.8.2 Multiplicação em massa da potencial bactéria antagonista GRE-9

A potencial bactéria antagonista GRE-9 foi multiplicada em massa em caldo de nutrientes a $28 \pm 2°$ C durante 48 horas e aplicada ao solo a 20 ml kg^{-1} solo (Placa 4.23).

4.8.3 Observações

Os dados sobre a percentagem de incidência da doença da podridão do caule e os parâmetros de crescimento da planta, *nomeadamente* a altura da planta, o comprimento da raiz, o peso seco do rebento e o peso seco da raiz do amendoim em cada um dos tratamentos foram registados e apresentados no quadro 4.9 e na placa 4.24.

4.8.3.1 Percentagem de incidência da doença

A partir dos dados (Quadro 4.8, Fig.4.8) é evidente que todos os tratamentos foram significativamente superiores ao controlo na redução da incidência da doença em percentagem. A redução máxima foi observada no tratamento T7 (aplicação no solo com um potencial agente de biocontrolo juntamente com um fungicida compatível e tratamento de sementes com um potencial BCA + tratamento de sementes com fungicida), no qual se registou uma IDP de 10,09 por cento quando comparado com o tratamento T8 inoculado como controlo (70,94 %).

Placa 4.22: Multiplicação em massa de *S.rolfsii* em grãos de sorgo esterilizados

Placa 4.23: Potencial de multiplicação em massa da bactéria antagonista GRE-9 em caldo de nutrientes

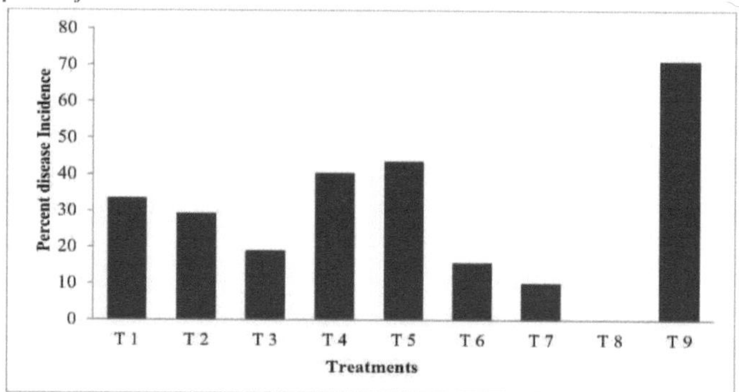

Placa 4.24: Gestão integrada de *S.rolfsii* em amendoim numa experiência de cultura em vaso (TCGS-888)

Fig.4.8: Efeito do potencial agente de biocontrolo (GRE-9) e do fungicida na incidência do apodrecimento do caule causado por *S.rolfsii*

4.8.3.2 Efeito dos diferentes tratamentos nos parâmetros de crescimento das plantas a) Altura das plantas

A altura máxima da planta (27,45 cm) foi registada no tratamento T7 (Aplicação no solo com o potencial agente de biocontrolo (*Alcaligenes faecalis*) juntamente com fungicida compatível (Mancozeb) & Tratamento de sementes com potencial BCA (*Alcaligenes faecalis*) + Tratamento de sementes com fungicida (Mancozeb)). É evidente na Fig.4.9 que a altura mínima das plantas foi registada no controlo inoculado.

É evidente na Fig.4.9 que o tratamento T7 estimulou o crescimento e desenvolvimento da planta (27,45 cm) quando comparado com o controlo inoculado (13,5 cm)

b) Comprimento da raiz

O comprimento máximo da raiz foi registado no tratamento T7 (11,5 cm) seguido pelo tratamento T4 (9,3 cm). É evidente na Fig.4.10 que o menor comprimento de raiz (5,6 cm) foi registado no controlo inoculado.

c) Peso seco do rebento e da raiz

O peso máximo do rebento foi registado no tratamento T7 (4,9 g) seguido do tratamento T6 (4,1 g). É evidente a partir da Fig. 4.11, que o menor peso de rebentos (1,62 g) foi registado no controlo inoculado.

O peso máximo da raiz (1,20 g) foi registado no tratamento T7 e o menor (0,27 g) foi registado no controlo inoculado.

Fig.4.9: Efeito do potencial agente de biocontrolo (GRE-9) e do fungicida na altura das plantas de amendoim em cultura de vaso

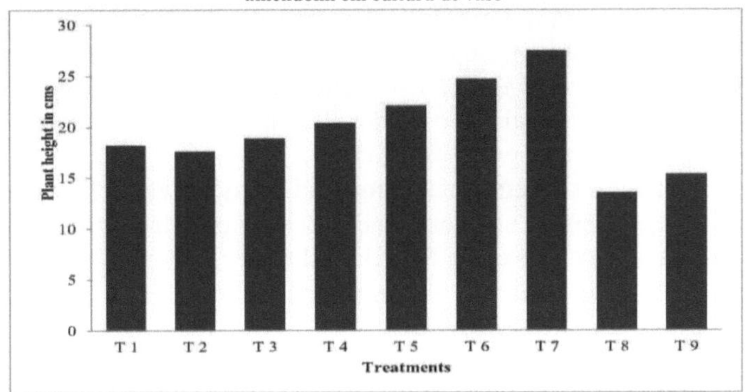

Fig.4.10: Efeito do potencial agente de biocontrolo (GRE-9) e do fungicida no comprimento da raiz do amendoim em cultura em vaso

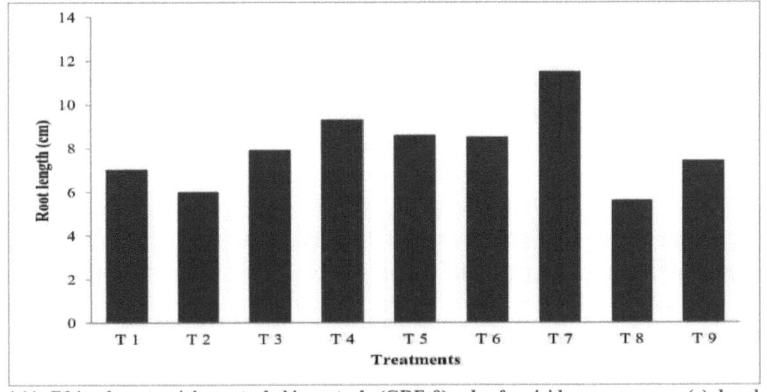

Fig. 4.11: Efeito do potencial agente de biocontrolo (GRE-9) e dos fungicidas no peso seco (g) do rebento e da raiz do amendoim em cultura em vaso

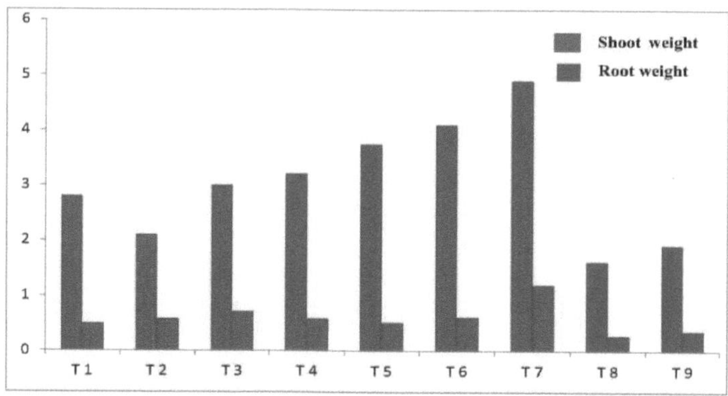

A partir dos resultados acima, é evidente que os pesos secos de ambos os rebentos e raízes foram máximos no tratamento T7. Assim, globalmente, a eficácia do tratamento T 7 (aplicação no solo com o potencial agente de biocontrolo (*Alcaligenes faecalis*) juntamente com fungicida compatível (Mancozeb) & tratamento de sementes com potencial BCA (*Alcaligenes faecalis*) + tratamento de sementes com fungicida (Mancozeb)) foi superior e registou o menor PDI, peso seco máximo de rebentos e raízes quando comparado com outros tratamentos.

4.9. Caracterização molecular de potenciais agentes de biocontrolo

A variabilidade genética entre os isolados de agentes de biocontrolo foi estudada utilizando técnicas moleculares como RAPD, análise de rDNA por 16S rDNA

4.9.1 Verificação qualitativa e quantitativa do ADN de diferentes isolados de agentes de biocontrolo

Catorze isolados com diferentes graus de atividade antagonista, ou seja, GRE-9, GRE-11, GRE-12, GRE-15, GRE-18, & GRB-2, GRB-4, GRB-5, GRB-9, GRB-11, GRB-12, GRB-14, GRB-16 e GRB-20 foram seleccionados para caraterização molecular.

O ADN genómico dos isolados objeto da investigação foi extraído de acordo com o procedimento indicado na secção 3.9.3. A quantidade e a qualidade do ADN foram analisadas através da análise de 2 ul de cada amostra em gel de agarose a 1%. A amostra de ADN de todos os isolados produziu bandas claras, nítidas e de elevado peso molecular no gel de agarose, indicando a boa qualidade do ADN e que a concentração de ADN de cada isolado era equivalente a aproximadamente 25 ng. Em alternativa, a quantidade e a qualidade do ADN foram analisadas por nanodrop.

4.9.2 Caracterização de potenciais agentes de biocontrolo por RAPD

A variabilidade genética entre os catorze isolados de agentes de biocontrolo bacterianos do estudo foi analisada por RAPD.

Foram utilizados 40 iniciadores aleatórios, *nomeadamente,* OPA-1 a OPA-20 e OPC-1 a OPC-20, para analisar a variabilidade entre os isolados de agentes de biocontrolo e demonstrou-se um polimorfismo reprodutível entre os isolados de agentes de biocontrolo (Placa 4.25 a Placa 4.35). 31 iniciadores aleatórios geraram um polimorfismo reprodutível entre os isolados de agentes de biocontrolo (Tabela 4.10).

Os produtos amplificados com todos os primers mostraram um padrão de bandas polimórfico e distinguível, indicando diversidade genética entre todos os isolados. Um total de 2013 bandas polimórficas reprodutíveis e identificáveis, variando aproximadamente entre 250 pb e 2800 pb, foram geradas com 40 iniciadores entre os catorze isolados.

Tabela 4.10: Percentagem de polimorfismo com iniciadores RAPD

S.N.	Cartilha	N.º total de bandas	N.º de bandas polimórficas	Percentagem(%) de polimorfismo
1	OPA1	39	39	100
2	OPA2	50	50	100
3	OPA3	48	48	100
4	OPA5	62	62	100
5	OPA6	34	34	100
6	OPA7	37	37	100
7	OPA9	46	46	100
8	OPA10	61	61	100
9	OPA11	36	22	61
10	OPA12	66	66	100
11	OPA13	59	59	100
12	OPA14	68	54	100
13	OPA16	51	51	100
14	OPA17	54	40	74
15	OPA18	38	38	100
16	OPA19	94	70	75
17	OPA20	53	53	100
18	OPC1	58	30	51
19	OPC4	66	38	57
20	OPC5	82	68	82
21	OPC7	117	61	52
22	OPC8	81	67	82
23	OPC11	50	50	100
24	OPC12	94	66	70
25	OPC13	98	42	42
26	OPC14	93	93	100
27	OPC15	92	78	84
28	OPC16	49	49	100
29	OPC18	72	58	80
30	OPC19	103	89	86
31	OPC20	62	48	77

	Total	2013	1667	

O iniciador OPA-1 produziu uma banda específica de aproximadamente 500 pb e 1000 pb e 1450 pb no caso do GRE-9 e no caso do GRB-14 foi amplificado um amplicon específico de aproximadamente 2000 pb.

O iniciador OPA-2 produziu uma banda específica de aproximadamente 700 pb no caso do GRE-9 e no caso do GRB-14 produziu 1000 pb, enquanto uma banda de 1500 pb foi amplificada no isolado GRE-9 e GRE-15.

O iniciador OPA-3 produziu uma banda específica de aproximadamente 500 pb no caso do isolado GRB-16, enquanto uma banda de 1000 pb foi amplificada no isolado GRB-14. (Placa - 4.25).

O iniciador OPA-4 não produziu qualquer banda específica (placa não mostrada)

O iniciador OPA-5 produziu uma banda específica de aproximadamente 500 pb no caso do GRE-9 e de 1000 pb no caso do GRE-15.

O iniciador OPA-6 produziu uma banda específica de 500 pb no caso dos isolados GRB-5 e GRE-18, enquanto uma banda específica produziu aproximadamente 700 pb no caso do GRE-9.

O iniciador OPA-7 produziu uma banda específica de aproximadamente 500 pb no caso do GRE-9, enquanto uma banda específica produziu 1500 pb no caso do isolado GRB-4 e GRB-14. (Placa -4.26).

O primer OPA-8 não produziu nenhuma banda específica (placa não mostrada)

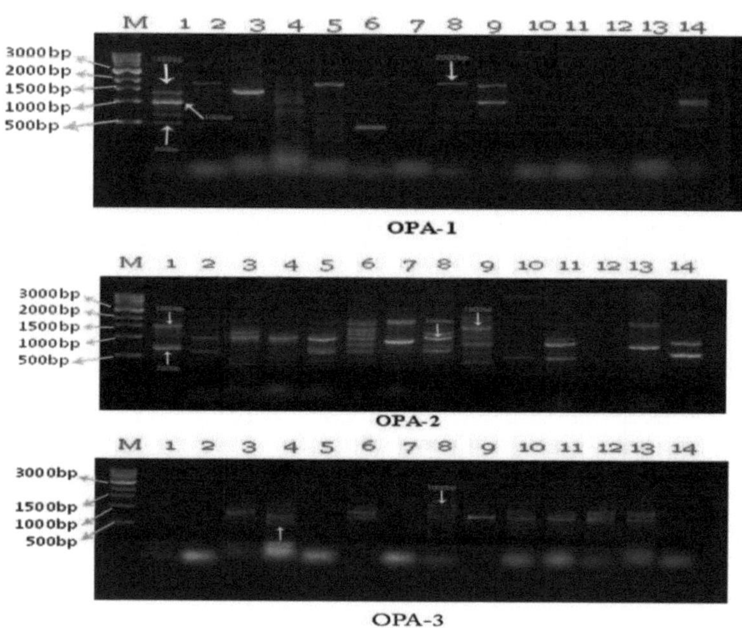

Placa 4.25: Eletroforese em gel de agarose de amplicões de PCR amplificados por RAPD com diferentes primers. Pistas M: Marcador de ADN de 1 Kb, Pista 1: GRE - 9; Pista 2: GRB - 20; Faixa 3: GRE - 12; Faixa 4: GRB - 16; Faixa 5: GRB - 9; Faixa 6: GRB - 5; Faixa 7: GRB - 4; Faixa 8: GRB -14; Pista 9: GRE -15; Faixa 10:

GRE -18; pista 11: GRB -11; pista 12: GRB -2; pista 13: GRE -11; pista 14: GRB -12.

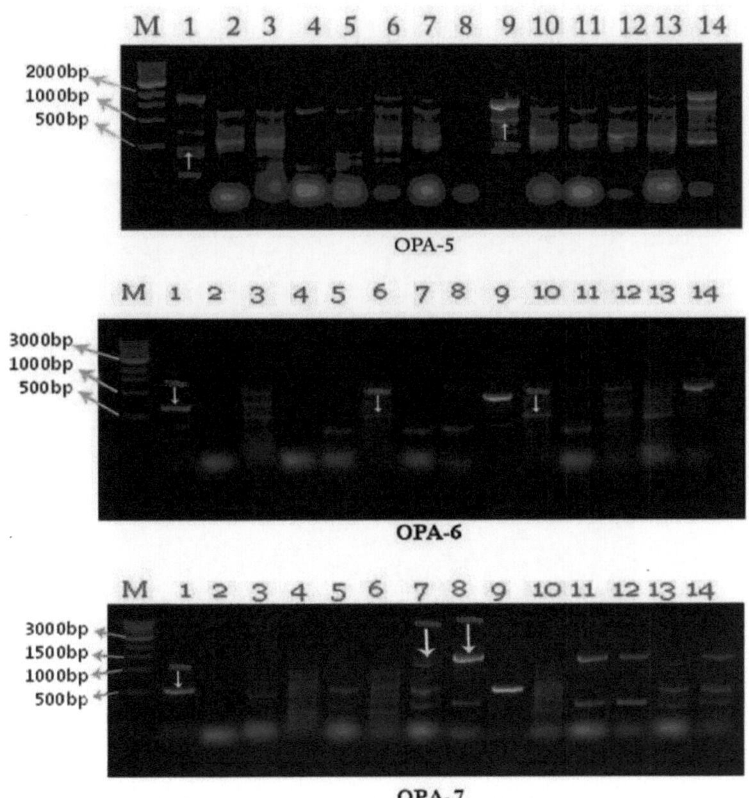

Placa 4.26 : Eletroforese em gel de agarose dos amplicons de PCR amplificados por RAPD com diferentes primers. Pistas M: Marcador de ADN de 1 Kb, Pista 1: GRE - 9; Pista 2: GRB - 20; Faixa 3: GRE - 12; Faixa 4: GRB - 16; Faixa 5: GRB - 9; Faixa 6: GRB - 5; Faixa 7: GRB - 4; Faixa 8: GRB -14; Pista 9: GRE -15; Faixa 10: GRE -18; pista 11: GRB -11; pista 12: GRB -2; pista 13: GRE -11; pista 14: GRB -12.

O iniciador OPA-9 produziu uma banda específica de aproximadamente 700 pb no caso do GRB-16 e GRB-14 e 2000 pb no caso do GRB-11.

O iniciador OPA-10 produziu uma banda específica de aproximadamente 1550 pb no caso do GRE-9 e o isolado GRE-15 amplificou 1500 pb (placa 4.27).

O iniciador OPA-11 produziu uma banda específica de aproximadamente 700 pb no caso do GRE-9 e GRB-16, enquanto uma banda de 1050 pb foi amplificada no isolado GRB-4

O iniciador OPA-12 produziu 500 pb no isolado GRE-9, enquanto uma banda de 1000 pb foi amplificada nos isolados GRB-16 e uma banda de 1500 pb foi amplificada no caso dos isolados GRE-9 e GRB-4 e também 2000 pb foi amplificada no caso dos isolados GRE-9 e GRB-16 (placa - 4.28).

O iniciador OPA-13 produziu uma banda de aproximadamente 500 pb no caso do GRE-9 e produziu aproximadamente uma banda específica de 1350 pb no GRE-9, enquanto uma banda de 900 pb foi amplificada no isolado GRB-14.

O iniciador OPA-14 produziu 500 pb no caso de GRE-9 e GRB-14, enquanto uma banda específica de 1400 pb no caso de GRB-14 e aproximadamente 1450 pb foi produzida no caso de GRB-16 e GRB-4 e 1500 pb foi produzida no isolado GRE-9 (placa -4.29).

O iniciador OPA-15 não produziu quaisquer bandas específicas (placa não mostrada).

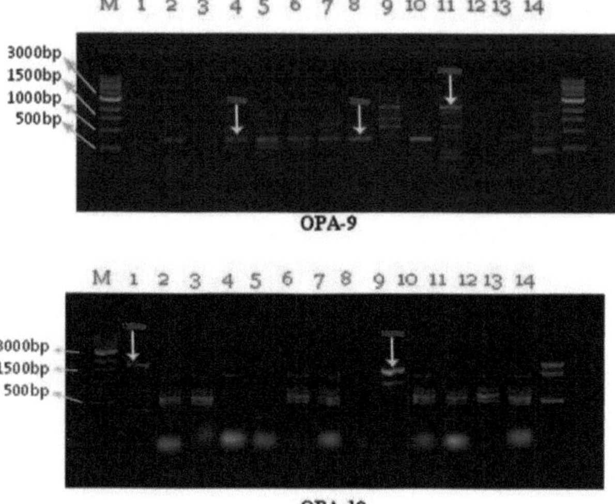

Placa 4.27: Eletroforese em gel de agarose de amplicões de PCR amplificados por RAPD com diferentes primers. Faixas M: Marcador de ADN de 1 Kb, Faixa 1: GRE - 9; Pista 2: GRB - 20; Faixa 3: GRE - 12; Pista 4: GRB - 16; Pista 5: GRB - 9; Faixa 6: GRB - 5; Faixa 7: GRB - 4; Pista 8: GRB -14; Pista 9: GRB -15; Faixa 10: GRE -18; Faixa 11: GRB -11; Faixa 12: GRB -2; Faixa 13: GRE -11; Faixa 14: GRB -12.

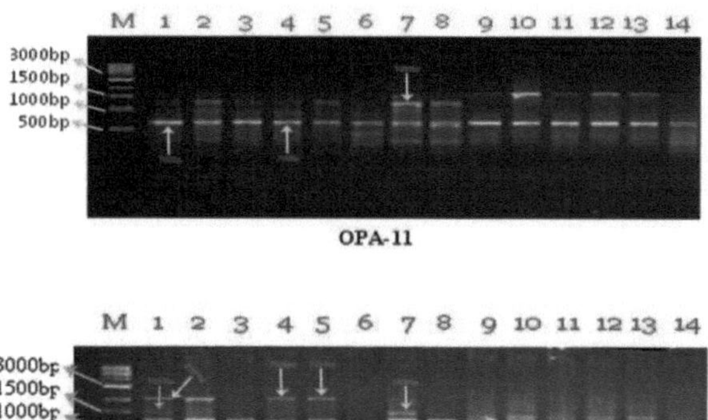

Placa 4.28: Eletroforese em gel de agarose de amplicons de PCR amplificados por RAPD com diferentes primers. Pistas M: Marcador de ADN de 1 Kb, Pista 1: GRE - 9; Pista 2: GRB - 20; Faixa 3: GRE - 12; Pista 4: GRB - 16; Pista 5: GRB - 9; Faixa 6: GRB - 5; Faixa 7: GRB - 4; Faixa 8: GRB -14; Pista 9: GRB -15; Faixa 10: GRE -18; Faixa 11: GRB -11; Faixa 12: GRB -2; Faixa 13: GRE -11; Faixa 14: GRB -12.

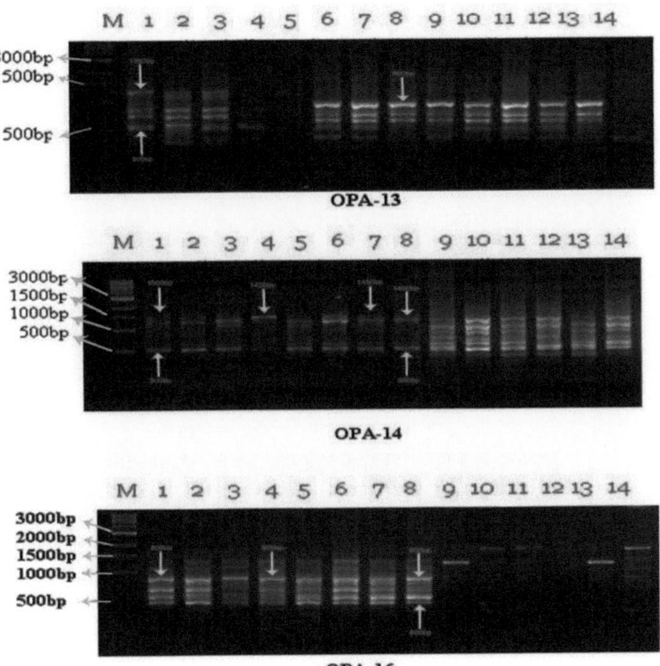

Placa 4.29: Eletroforese em gel de agarose de amplicões de PCR amplificados por RAPD com diferentes primers. Pistas M: Marcador de ADN de 1 Kb, Pista 1: GRE - 9; Pista 2: GRB - 20; Faixa 3: GRE - 12; Faixa 4: GRB - 16; Faixa 5: GRB - 9; Faixa 6: GRB - 5; Faixa 7: GRB - 4; Faixa 8: GRB -14; Pista 9: GRE -15; Faixa 10: GRE -18; pista 11: GRB -11; pista 12: GRB -2; pista 13: GRE -11; pista 14: GRB -12.

O iniciador OPA-16 produziu uma banda de 500 pb no caso do GRB-14, enquanto uma banda específica de aproximadamente 800 pb foi produzida no caso do isolado GRE-9 e GRB-16 (placa - 4.29).

O iniciador OPA-17 produziu uma banda de 1000 pb no caso do GRE-9 e do GRB-16. O iniciador OPA-18 produziu 800 pb nos isolados GRE-9 e GRB-16, enquanto o GRE-9 amplificou uma banda específica de 1050 pb e 1500 pb no caso do isolado GRB-16.

O iniciador OPA-19 produziu uma banda de 500 pb no caso do GRB-14 e 550 pb no isolado GRE-9, enquanto uma banda específica de 800 pb foi amplificada no caso do GRE-9 e GRB-16 e também 1350 pb foi amplificada em ambos os isolados GRB-16 e GRB-14 (placa - 4.30).

O iniciador OPA-20 produziu uma banda de 500 pb no caso do GRE-15 e 550 pb no caso do GRE-9, enquanto no caso do GRE-9 foi amplificado um amplicon específico de 800 pb e 1500 pb no caso do isolado GRB-16.

O iniciador OPC-1 produziu uma banda de 500 pb no caso do GRB-16 e o GRB-14 amplificou um amplicon específico de 900 pb, enquanto no caso do isolado GRB-16 foram amplificados 1050 pb (placa - 4.31).

Os iniciadores OPC-2 e OPC-3 não produziram quaisquer bandas específicas (placa não mostrada).

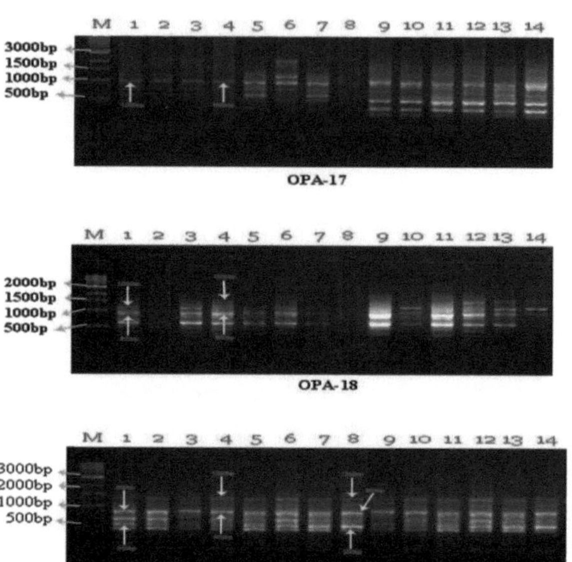

Placa 4.30: Eletroforese em gel de agarose de amplicões de PCR amplificados por RAPD com diferentes primers. Pistas M: Marcador de ADN de 1 Kb, Pista 1: GRE - 9; Pista 2: GRB - 20; Faixa 3: GRE - 12; Faixa 4: GRB - 16; Faixa 5: GRB - 9; Faixa 6: GRB - 5; Faixa 7: GRB - 4; Faixa 8: GRB -14; Pista 9: GRE -15; Faixa 10: GRE -18; pista 11: GRB -11; pista 12: GRB -2; pista 13: GRE -11; pista 14: GRB -12.

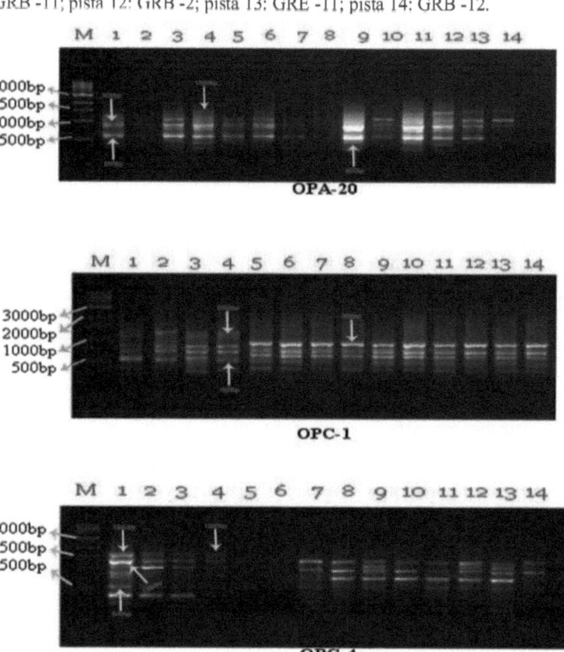

Placa 4.31: Eletroforese em gel de agarose de amplicões de PCR amplificados por RAPD com diferentes primers.
Pistas M: Marcador de ADN de 1 Kb, Pista 1: GRE - 9; Pista 2: GRB - 20; Faixa 3: GRE - 12; Faixa 4: GRB -
16; Faixa 5: GRB - 9; Faixa 6: GRB - 5; Faixa 7: GRB - 4; Faixa 8: GRB -14; Pista 9: GRE -15; Faixa 10:
GRE -18; pista 11: GRB -11; pista 12: GRB -2; pista 13: GRE -11; pista 14: GRB -12.

O iniciador OPC-5 amplificou 1000 pb no caso dos isolados GRE-9 e GRB-16.

O iniciador OPC-6 não produziu quaisquer bandas específicas. (Placa não mostrada).

O iniciador OPC-7 produziu 1000 pb no caso dos isolados GRE-9 e GRB-16, enquanto uma banda específica de 1500 pb foi amplificada no caso dos isolados GRB-4 e GRB -14.

O iniciador OPC-8 produziu uma banda de 500 pb no caso dos isolados GRE-9 e GRB-16 e também 1000 pb amplificados no caso do GRB-16, enquanto uma banda específica de 1500 pb amplificada no caso do GRE-9 e 2500 pb foi produzida no caso do isolado GRB-14 (placa -4.32).

Os iniciadores OPC-9 e OPC-10 não produziram quaisquer bandas específicas (placa não mostrada).

O iniciador OPC-11 produziu uma banda de aproximadamente 1000 pb no caso do GRE-9, enquanto o isolado GRB-16 produziu tanto 1000 pb como 2000 pb.

O iniciador OPC-12 produziu uma banda de 1500 pb no caso do isolado GRE-9 e uma banda específica de aproximadamente 1450 pb e 3000 pb no caso do isolado GRB-14 (placa - 4.33). .

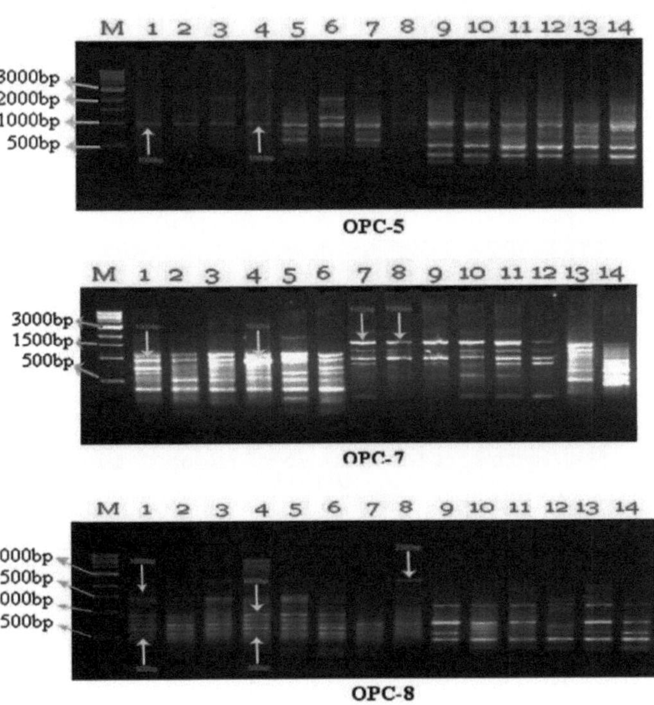

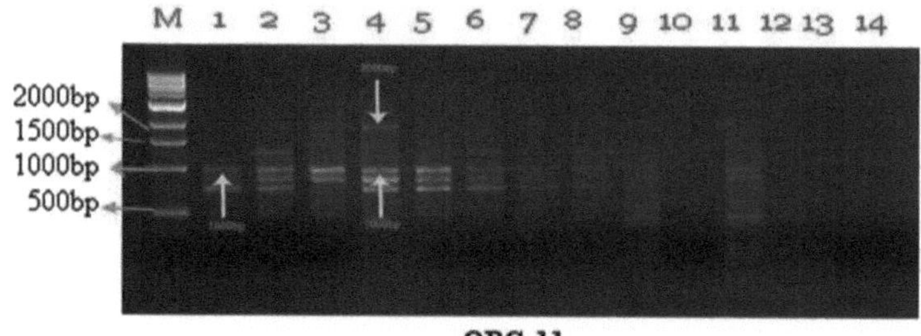

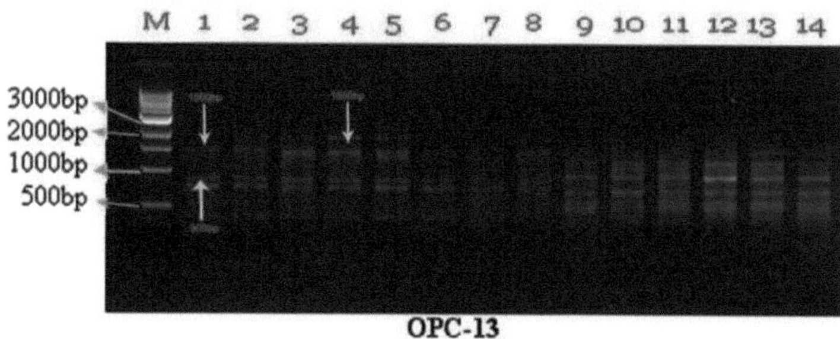

O iniciador OPC-13 produziu uma banda específica de aproximadamente 900 pb e 1500 pb no caso do isolado GRE-9, enquanto uma banda de 1500 pb foi amplificada no caso do isolado GRB-16 (placa - 4.33).

O iniciador OPC-14 produziu uma banda específica de aproximadamente 1350 pb no caso dos isolados GRB-9 e GRB-14.

O iniciador OPC-15 produziu uma banda específica de aproximadamente 500 pb e 1000 pb no caso do isolado GRE-9.

O iniciador OPC-16 produziu uma banda de aproximadamente 500 pb e 800 pb no caso do GRE-9, enquanto uma banda específica de 800 pb foi amplificada no caso do isolado GRE-12 (placa -4.34).

O iniciador OPC-17 e não produziu qualquer banda específica (Figura não mostrada).

O iniciador OPC-18 produziu uma banda específica de aproximadamente 500 pb no caso dos isolados GRE-9, GRB-20, GRB-16 e GRB-14 e uma banda específica de aproximadamente 800 pb no caso do isolado GRB-20.

O iniciador OPC-19 produziu uma banda específica de aproximadamente 900 pb no caso dos isolados GRE-9 e GRB-16, enquanto uma banda de 2000 pb amplificou ambos os isolados GRE-9 e GRB-16.

O iniciador OPC-20 produziu uma banda específica de aproximadamente 1500 pb no caso dos isolados GRE-9 e GRB-16 (placa - 4.35).

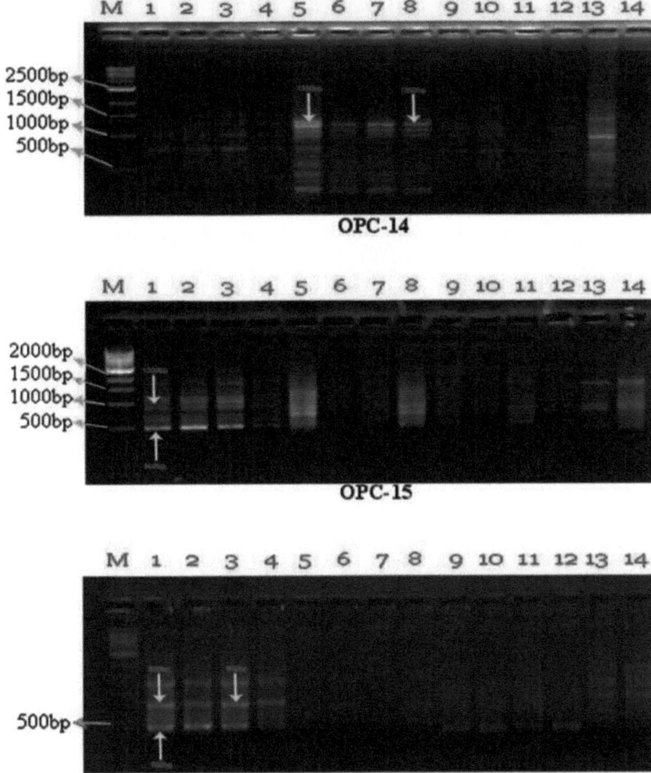

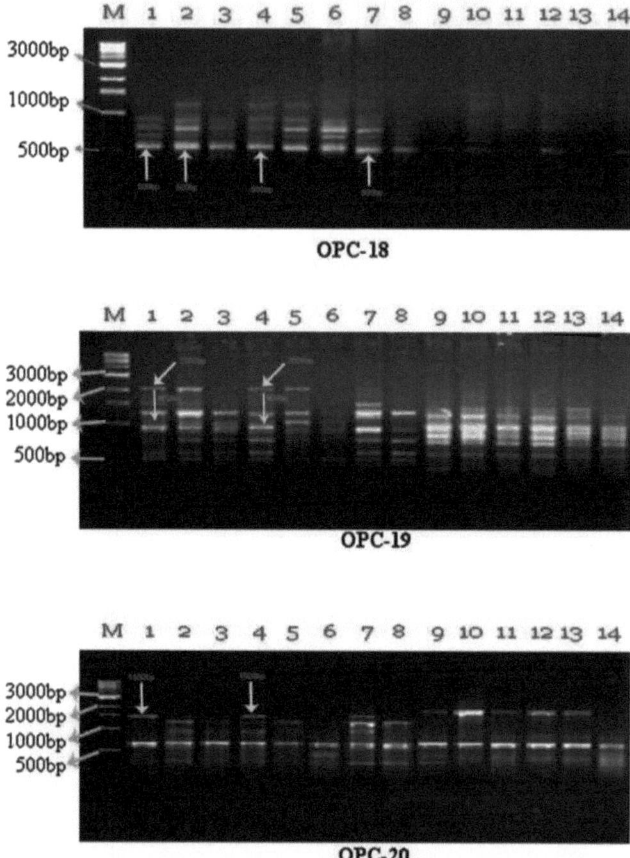

Placa 4.35: Eletroforese em gel de agarose de amplicões de PCR amplificados por RAPD com diferentes primers. Pistas M: Marcador de ADN de 1 Kb, Pista 1: GRE - 9; Pista 2: GRB - 20; Faixa 3: GRE - 12; Faixa 4: GRB - 16; Faixa 5: GRB - 9; Faixa 6: GRB - 5; Faixa 7: GRB - 4; Faixa 8: GRB -14; Pista 9: GRE -15; Faixa 10: GRE -18; pista 11: GRB -11; pista 12: GRB -2; pista 13: GRE -11; pista 14: GRB -12.

A amplificação por PCR com quarenta iniciadores foi efectuada duas vezes antes de se avaliar a presença e ausência de bandas. A amplificação por PCR do ADN isolado de catorze isolados produziu um total de 2013 produtos amplificados, dos quais 1667 eram polimórficos e 346 eram monomórficos. O número total de bandas de ADN amplificadas variou entre 1 e 12, com uma média de 64 bandas por iniciador.

A relação entre os isolados foi avaliada por análise de agrupamento de dados com base na matriz de semelhança. O dendrograma (Plate - 4.36) foi gerado utilizando o pacote UPGMA baseado no software NTSYSpc 2.11. Com base nos resultados obtidos, todos os 14 isolados foram agrupados em dois grupos principais.

A árvore filogenética está dividida em 2 grupos principais com base na matriz de semelhança, o grupo 1 e o grupo 2, com um valor de coeficiente de 0,50. O agrupamento principal-1 é novamente subagrupado em 2 subagrupamentos; 1 a & 1b, no agrupamento 1a apenas o genótipo GRE-15 mostra uma faixa separada com um valor de coeficiente de 0,72. Por outro lado, o GRE-18 e o GRE-11 apresentam 80% de semelhança no mesmo grupo. No grupo 1b, a semelhança entre os outros genótipos é de 70%. Subsequentemente, o grupo 2 é dividido em 2a e 2b, neste subgrupo, 2a GRE-9 apresenta uma linha separada com um valor de coeficiente de 0,62, enquanto 2a é dividido em dois subgrupos em que GRB-20 e GRE-12 são 78% semelhantes no grupo 2a1 e, consequentemente, GRB-16 e GRB-9 apresentam 72% de semelhança no subgrupo 2a2.

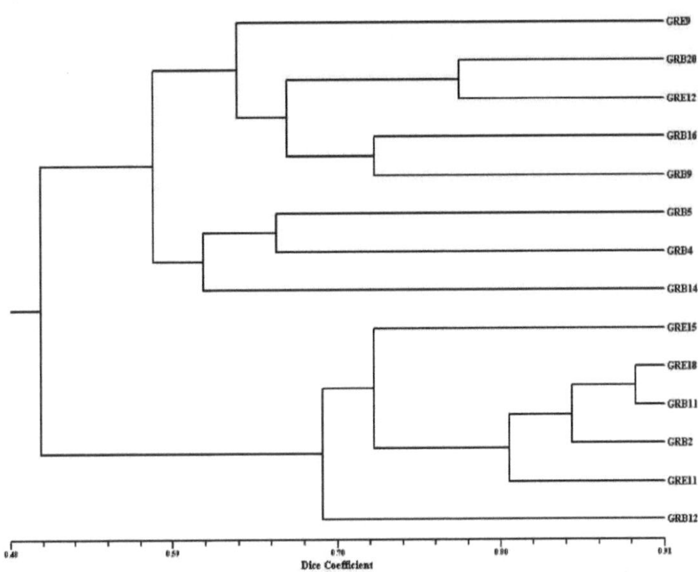

Placa 4.36: Análise NTsys das amostras (árvore filogenética)

4.9.3 Caracterização de isolados bacterianos pelo rDNA 16S

A **estrutura do** agregado de **rDNA** e os produtos amplificados esperados com os iniciadores 27F e 1525 R foram discutidos abaixo.

Foram utilizados primers alvo específicos para o rDNA 16S, *ou seja*, 27F e 1525R, para a amplificação por PCR do cluster de rDNA da região 16S de todos os isolados. Ambos os iniciadores produziram um produto amplificado de tamanho aproximado de 1500 pb em todos os isolados.

4.9.4 Identificação de potenciais antagonistas bacterianos com base na análise da sequência do 16S rDNA.

A sequência 16S rDNA foi selecionada para a identificação dos potenciais agentes de biocontrolo.

4.9.4.1 Extração de gel e purificação do amplicon de 16S rDNA do potencial antagonista bacteriano GRE-9 e GRB-16

O potencial antagonista bacteriano, GRE-9, que teve um melhor desempenho em estudos de cultura dupla e de cultura em vaso, foi selecionado para uma caraterização mais aprofundada. A região 16S rDNA do GRE-9 e do GRB-16 foi amplificada com os iniciadores 27F e 1525R. O produto amplificado de 1500 pb do 16S rDNA foi eluído do gel utilizando o kit M/s. Chromus biotech pvt.ltd, Bangalore e, em seguida, purificado utilizando o kit M/s. Chromus biotech pvt.ltd e enviado para sequenciação à Eurofins Genomics Private Limited, Bangalore.

A sequência de nucleótidos do 16S rDNA do isolado GRE-9 é apresentada na (placa - 4.37). A sequência foi comparada com as sequências de 16S rDNA existentes no banco de dados NCBI. Os resultados mostram que a sequência de nucleótidos do 16S rDNA do isolado GRE-9 tem 100% de semelhança com a sequência de nucleótidos *de Alcaligenes faecalis* (número de acesso **KX751705** no NCBI). O isolado GRB-16 apresentou uma semelhança de 100% com a sequência de nucleótidos de Bacillus *mojavensis* (número de acesso KX751704 **no** NCBI). A sequência de nucleótidos é apresentada na (placa - 4.38) e a sequência foi comparada com as sequências de 16S rDNA existentes disponíveis na base de dados NCBI. Assim, o isolado GRE-9 foi identificado como sendo do género *Alcaligenes faecalis* e o GRB-16 como *Bacillus mojavensis*, géneros importantes incluídos nos agentes de biocontrolo das plantas. A região 16S do rDNA foi amplificada para todos os isolados bacterianos objeto do estudo utilizando iniciadores específicos 27F e 1525R. Estes iniciadores produziram um amplicon de 1500 pb (placa - 4.39).

Placa 4.37: Sequência de nucleótidos do rDNA 16S do isolado potencialmente antagonista GRE-9

```
GGGAGCTTTA ACATGCAGTC GACGGCAGCG CGAGAGAGCT TGCTCTCTTG GCGGCGAGTG
GCGGACGGGT GAGTAATATA TCGGAACGTG CCCAGTAGCG GGGGATAACT ACTCGAAAGA
GTGGCTAATA CCGCATACGC CCTACGGGGG AAAGGGGGGG ATCGCAAGAC CTCTCACTAT
TGGAGCGGCC GATATCGGAT TAGCTAGTTG GTGGGGTAAA GGCTCACCAA GGCAACGATC
CGTAGCTGGT TTGAGAGGAC GACCAGCCAC ACTGGGACTG AGACACGGCC CAGACTCCTA
CGGGAGGCAG CAGTGGGGAA TTTTGGACAA TGGGGGAAAC CCTGATCCAG CCATCCCGCG
TGTATGATGA AGGCCTTCGG GTTGTAAAGT ACTTTTGGCA GAGAAGAAAA GGTATCCCCT
AATACGGGGT ACTGCTGACG GTATCTGCAG AATAAGCACC GGCTAACTAC GTGCCAGCAG
CCGCGGTAAT ACGTAGGGTG CAAGCGTTAA TCGGAATTAC TGGGCGTAAA GCGTGTGTAG
GCGGTTCGGA AAGAAAGATG TGAAATCCCA GGGCTCAACC TTGGAACTGC ATTTTTAACT
GCCGAGCTAG AGTATGTCAG AGGGGGGTAG AATTCCACGT GTAGCAGTGA AATGCGTAGA
TATGTGGAGG AATACCGATG GCGAAGGCAG CCCCCTGGGA TAATACTGAC GCTCAGACAC
GAAAGCGTGG GGAGCAAACA GGATTAGATA CCCTGGTAGT CCACGCCCTA AACGATGTCA
ACTAGCTGTT GGGGCCGTTA GGCCTTAGTA GCGCAGCTAA CGCGTGAAGT TGACCGCCTG
GGGAGTACGG TCGCAAGATT AAAACTCAAA GGAATTGACG GGGACCCGCA CAAGCGGTGG
ATGATGTGGA TTAATTCGAT GCAACGCGAA AAACCTTACC TACCCTTGAC ATGTCTGGAA
AGCCGAAGAG ATTTGGCCGT GCTCGCAAGA GAACCGGAAC ACAGGTGCTG CATGGCTGTC
GTCAGCTCGT GTCGTGAGAT GTTGGGTTAA GTCCCGCAAC GAGCGCAACC CTTGTCATTA
GTTGCTACGC AAGAGCACTC TAATGAGACT GCCGGTGACA AACCGGAGGA AGGTGGGGAT
GACGTCAAGT CCTCATGGCC CTTATGGGTA GGGCTTCACA CGTCATACAA TGGTCGGGAC
AGAGGGTCGC CAACCCGCGA GGGGGAGCCA ATCTCAGAAA CCCGATCGTA GTCCGGATCG
CAGTCTGCAA CTCGACTGCG TGAAGTCGGA ATCGCTAGTA ATCGCGGATC AGAATGTCGC
GGTGAATACG TTCCCGGGTC TTGTACACAC CGCCCGTCAC ACCATGGGAG TGGGTTTCAC
CAGAAGTAGG TAGCCTAACC GTAAGGAGGG CGCTACCACG TGATACC
```

Placa 4.38: Sequência de nucleótidos do rDNA 16 s do isolado potencialmente antagonista GRB-16
GTCGAGCGGA CAGATGGGAG CTTGCTCCCT GATGTTAGCG GCGGACGGGT GAGTAACACG
TGGGTAACCT GCCTGTAAGA CTGGGATAAC TCCGGGAAAC CGGGGCTAAT ACCGGATGCT
TGTTTGAACC GCATGGTTCA AACATAAAAG GTGGCTTCGG CTACCACTTA CAGATGGACC
CGCGGCGCAT TAGCTAGTTG GTGAGGTAAC GGCTCACCAA GGCAACGATG CGTAGCCGAC
CTGAGAGGGT GATCGGCCAC ACTGGGACTG AGACACGGCC CAGACTCCTA CGGGAGGCAG
CAGTAGGGAA TCTTCCGCAA TGGACGAAAG TCTGACGGAG CAACGCCGCG TGAGTGATGA
AGGTTTTCGG ATCGTAAAGC TCTGTTGTTA GGGAAGAACA AGTACCGTTC GAATAGGGCG
GTACCTTGAC GGTACCTAAC CAGAAAGCCA CGGCTAACTA CGTGCCAGCA GCCGCGGTAA
TACGTAGGTG GCAAGCGTTG TCCGGAATTA TTGGGCGTAA AGGGCTCGCA GGCGGTTCCT
TAAGTCTGAT GTGAAAGCCC CCGGCTCAAC CGGGGAGGGT CATTGGAAAC TGGGGAACTT
GAGTGCAGAA GAGGAGAGTG GAATTCCACG TGTAGCGGTG AAATGCGTAG AGATGTGGAG
GAACACCAGT GGCGAAGGCG ACTCTCTGGT CTGTAACTGA CGCTGAGGAG CGAAAGCGTG
GGGAGCGAAC AGGATTAGAT ACCCTGGTAG TCCACGCCGT AAACGATGAG TGCTAAGTGT
TAGGGGGTTT CCGCCCCTTA GTGCTGCAGC TAACGCATTA AGCACTCCGC CCTGGGGAGT
ACGGTCGCAA GACTGAAACT CAAAGGAATT GACGGGGGCC CGCACAAGCG GTGGAGCATG
TGGTTTAATT CGAAGCAACG CGAAGAACCT TACCAGGTCT TGACATCCTC TGACAATCCT
AGAGATAGGA CGTCCCCTTC GGGGGCAGAG TGACAGGTGG TGCATGGTTG TCGTCAGCTC
GTGTCGTGAG ATGTTGGGTT AAGTCCCGCA ACGAGCGCAA CCCTTGATCT TAGTTGCCAG
CATTCAGTTG GGCACTCTAA GGTGACTGCC GGTGACAAAC CGGAGGAAGG TGGGGATGAC
GTCAAATCAT CATGCCCCTT ATGACCTGGG CTACACACGT GCTACAATGG ACAGAACAAA
GGGCAGCGAA ACCGCGAGGT TAAGCCAATC CCACAAATCT GTTCTCAGTT CGGATCGCAG
TCTGCAACTC GACTGCGTGA AGCTGGAATC GCTAGTAATC GCGGATCAGC ATGCCGCGGT
GAATACGTTC CCGGGCCTTG TACACACCGC CCGTCACACC ACGAGAGTTT GTAACACCCG
AAGTCGGTGA GGTAACCTTT ATGGAGCCAG CCGC

Placa 4.39: Produto de amplificação do 16S rDNA com os iniciadores 27F e 1525 R do ADN ribossómico para todos os isolados seleccionados (1500 pb)

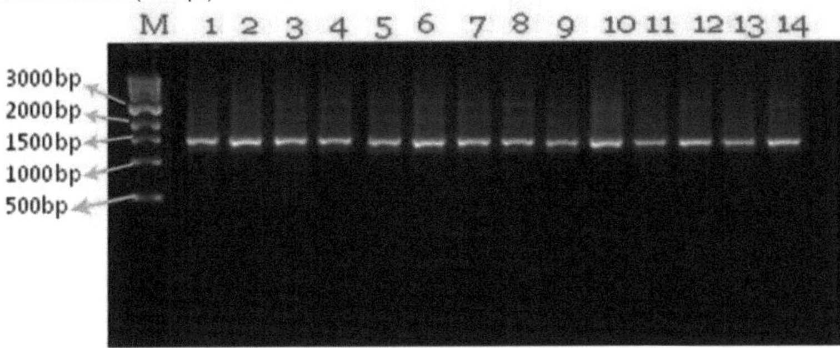

" SIMQUAL: input=C:\Documents and Settings\Administrator\Desktop\d.NTS, coeff=DICE " by Cols, += 1.00000, -= 0.000003 14L 14 0

GRE9 GRB20 GRE12 GRB16 GRB9 GRB5 GRB4 GRB14 GRE15 GRE18 GRB11 GRB2 GRE11 GRB12 1.0000000
0.6629213 1.0000000
0.6521739 0.7752809 1.0000000
0.6222222 0.6896552 0.7222222 1.0000000
0.5833333 0.6666667 0.5714286 0.7195122 1.0000000
0.5612245 0.6526316 0.6632653 0.6041667 0.6222222 1.0000000
0.5172414 0.6071429 0.5632184 0.5176471 0.5949367 0.6559140 1.0000000
0.5121951 0.5063291 0.5487805 0.5750000 0.5810811 0.5795455 0.6363636 1.0000000
0.4021164 0.4153005 0.4550265 0.4648649 0.4393064 0.5074627 0.6145251 0.5325444 1.0000000
0.4301075 0.4666667 0.5161290 0.4615385 0.4235294 0.5959596 0.5909091 0.5421687 0.7225131 1.0000000
0.4293194 0.4864865 0.5130890 0.4705882 0.4457143 0.5714286 0.6519337 0.5847953 0.7346939 0.8911917 1.0000000
0.4157303 0.4651163 0.5168539 0.4252874 0.3950617 0.5473684 0.6190476 0.5189873 0.7322404 0.8555556 0.8432432 1.0000000
0.4239130 0.4831461 0.5543478 0.4555556 0.4285714 0.5816327 0.5632184 0.4878049 0.6878307 0.7956989 0.7853403 0.8426966
1.0000000
0.4180791 0.5497076 0.4858757 0.4855491 0.5341615 0.5608466 0.6227545 0.4458599 0.6373626 0.6815642 0.6956522 0.6900585
0.7231638 1.0000000

CAPÍTULO 5
DISCUSSÃO

O amendoim é uma importante cultura oleaginosa cultivada em todos os países do mundo. Entre todas as doenças, a podridão do caule causada por *S.rolfsii* (Sacc.) é um grande problema. Causa perdas de rendimento até 30-40% no amendoim na Índia (Yella goud *et al.*, 2013). Por vezes, a perda de rendimento pode atingir 75-80% no Novo México (Aycock 1966).

 S.rolfsii (Sacc.) é um agente patogénico muito disseminado, que infecta cerca de 500 espécies e causa graves perdas de rendimento. Nas plantas de amendoim, este agente patogénico infecta perto da superfície do solo e chega até ao nível das vagens, causando danos graves nas vagens, tal como referido por Mehan *et al.*, 1995. A podridão do caule é também designada por sclerotium blight, sclerotium rot, sclerotium wilt, southern stem rot, root rot e pod pod rot.

 Cook e Baker, em 1983, definiram o controlo biológico, em termos gerais, como organismos naturalmente obtidos do solo, juntamente com organismos naturalmente modificados para controlar os efeitos de pragas e doenças, enquanto os potenciais agentes de biocontrolo foram utilizados para controlar as doenças (Cunniffe *et al.*, 2011).

 A aplicação combinada de tratamento do solo @ 4 kg/ha com 250 kg de torta de mamona e tratamento de sementes com *T. harzianum* @ 10 g/kg reduziu a incidência da doença da podridão do caule (Anônimo 2011).

 Uma abordagem de gestão integrada, incluindo a rotação de culturas, a solarização do solo e a utilização de agentes de biocontrolo isolados de endófitos radiculares e da rizosfera, ajuda a controlar a podridão do caule do amendoim (Narendra Kumar *et al.*, 2013).

 Tendo em conta o controlo insatisfatório dos agentes patogénicos transmitidos pelo solo através de fungicidas, tem sido dada uma atenção considerável a outros meios não químicos de controlo das doenças das plantas. A gestão integrada das doenças é uma abordagem multidimensional da luta contra as doenças, que utiliza uma série de componentes de controlo, tais como estratégias biológicas, culturais e químicas, necessárias para manter as doenças abaixo do limiar económico prejudicial, sem afetar o agro-ecossistema.

 Assim, o presente estudo foi realizado para avaliar as variações genéticas significativas utilizando RAPD-PCR e sequenciação do rDNA 16S e uma abordagem integrada de agentes de biocontrolo como parte da gestão da podridão do caule do amendoim provocada por *S.rolfsii*. Os resultados da presente investigação são discutidos no presente documento.

5.1 O PATOGÉNIO

 O agente patogénico foi isolado de plantas de amendoim infectadas que apresentavam sintomas de podridão do caule e purificado pelo método da ponta de hifa única, mantido em meio PDA e identificado como *S.rolfsii*, ataca as plantas perto da superfície do solo e este agente patogénico penetra no tecido do hospedeiro produzindo uma massa de micélio. Depois de penetrar no tecido do hospedeiro, o agente patogénico produz uma enzima que deteriora a parede celular externa do hospedeiro, resultando na deterioração do tecido e na formação de mais *esclerócios*.

O S.rolfsiifungus produz micélios brancos e radiantes em forma de leque em PDA. Os sintomas típicos incluem a secagem das folhas e a murchidão dos ramos na superfície basidial do caule e as raízes circundantes contêm esclerócios castanhos profundos que se assemelham a sementes de mostarda, distribuídos no solo em redor das plantas afectadas. Estes sintomas foram registados de forma semelhante por Rajyalakshmi (2002), Yellagoud (2011)

O agente patogénico foi isolado e identificado como *S.rolfsii* (Sacc.) com base em caracteres morfológicos identificados como a cor do micélio (maioritariamente branco), o padrão de crescimento da produção de esclerócios e a sua cor (castanho claro a castanho escuro) e a distribuição no meio. Resultados semelhantes do agente patogénico foram observados por Basamma (2008), Hemalatha *et al.*, (2009), Thilagavathi *et al.*, (2013). O tamanho dos corpos escleróticos variou de 1,0 a 3,0 mm de diâmetro e os resultados obtidos estão correlacionados com Palaiah e Adiver (2006), Tortoe e Clerk (2012), Arjun Muthu kumar e Arjunan Venkatesh (2013), Reddi kumar *et al.*, (2014).

Foi observada uma infeção máxima de 90,0% nas plântulas quando foi incorporado no solo um inóculo fresco do agente patogénico cultivado em sementes de sorgo cozidas. Re-isolamentos da região da raiz artificialmente infetada produziram um fungo que era idêntico à cultura original de *S.rolfsii*, confirmando a patogenicidade.

Vários trabalhadores consideraram o método de inoculação no solo o mais adequado para o estabelecimento da doença causada por *S.rolfsii* (Anahosur, 2001 em batata; Amar singh e Dhanbhir singh, (1994) em brinjal; Arunasri, 2003 em crossandra; Hemalatha *et al.*, (2006) em beterraba sacarina, Gayathri *et al.*, (2010), Doley khirood e Paramjit kaur (2013) em amendoim.

5.2 Efeito do inóculo de *S.rolfsii* na incidência da podridão do caule do amendoim

Na presente investigação, a percentagem máxima de germinação foi observada no tratamento de controlo, que registou 100% de germinação, seguido do tratamento em que o nível de inóculo de 25 g/kg de solo (86,41%) e a percentagem mínima de germinação (24,68%) foi registada ao nível de inóculo de 125 g/kg de solo. Estes resultados mostraram uma correlação positiva entre a quantidade de inóculo e a percentagem de germinação.

Os resultados do presente estudo estão bem correlacionados com o relatório feito por Fouzia yaqub e Saleem Shahzad (2005), onde os solos esterilizados foram artificialmente inoculados com diferentes níveis de inóculo de *S.rolfsii*, mostrando uma redução significativa na percentagem de germinação de girassol e beterraba sacarina.

Faranaz (2006) referiu que o efeito de três níveis de inóculo de *Rhizoctonia solani no* solo, isto é, 10, 15 e 20g/pot, contra o míldio negro da batateira e observou uma inibição da germinação dos olhos em percentagem com um aumento dos níveis de inóculo no solo.

Gayathri *et al.*, (2010) relataram que solos esterilizados foram artificialmente inoculados com diferentes níveis de inóculo de *S.rolfsii*, mostrando uma redução significativa na porcentagem de germinação do amendoim.

A partir destes resultados, é evidente que há um aumento significativo da percentagem de incidência da doença com um aumento da quantidade de inóculo até 125 g/kg de solo. Vale a pena estudar a curva de reação à doença inoculando menos quantidade de inóculo no solo, ou seja, menos de 25 g/kg de solo. Por outro lado, a curva de reação à doença também pode ser estabelecida inoculando diferentes números de corpos de esclerócio.

O tratamento integrado de sementes com fungicidas e antagonistas protegeu a ervilha de *Fusarium solanisp.* Os fungicidas forneceram proteção inicial às sementes germinadas e depois disso, as plântulas foram protegidas pelo crescimento colonizado de antagonistas, o que pode ser devido à supressão do crescimento do patogénio através de antibiose e micoparasitismo (Deepak Kumar e Dubey, 2001).

Azhar Hussain *et al.,* (2006) relataram que, o efeito do inóculo por peso @ 3,0, 7,5, 10,0, 15,0 e 20,0 g/560 g de solo contra a podridão do colorau do grão-de-bico mostrou que havia uma correlação positiva entre a gravidade da doença e a concentração de inóculo, onde a mortalidade das plântulas aumentava com um aumento da carga de inóculo.

Gayathri *et al.* (2010) relataram o efeito de inóculos a 25, 50, 75,100 e 125 g/Kg de solo contra a podridão do caule do amendoim, mostrando que o aumento do nível de inóculo aumenta a mortalidade das plântulas.

5.3 ISOLAMENTO DE AGENTES DE BIOCONTROLO

O termo "rizosfera" é definido como uma região circundante próxima do solo que contém raízes. Embora a rizosfera seja um habitat com grandes quantidades de fontes de C prontamente disponíveis, é também, no entanto, o local de intensa competição entre microrganismos e realiza mecanismos que incluem a produção de aminoácidos que são facilmente degradáveis por microrganismos e a absorção de nutrientes. Acredita-se que o efeito estático dos fungos na rizosfera contra os fitopatógenos do solo e os fitopatógenos radiculares se deve aos micróbios que exsudam certos antibióticos, quitinases. Os microrganismos que segregam enzimas micolíticas foram utilizados como agentes de biocontrolo de doenças das plantas.

Os objectivos deste estudo foram isolar bactérias endofíticas e da rizosfera de campos de amendoim das regiões da aldeia de Kattuluru, Gollapalli, Vempalli do distrito de Kadapa e de outros quatro mandais, nomeadamente Kalikiri, Kothapalli, Nallacheruvupalli, Tirupati/RARS do distrito de Chittoor.

No presente estudo, foram obtidos 11 isolados fúngicos e 45 bacterianos da rizosfera e da raiz do amendoim. A micoflora foi purificada pelo método da ponta de hifa única e mantida em PDA. Anitha Chowdary *et al.,* (2000) utilizaram o método da ponta de hifa única para a purificação da micoflora e mantiveram-nas em PDA. Aneja (2001) utilizou o método da placa de diluição para isolar a microflora da rizosfera.

Os resultados estão de acordo com Kishore *et al.,*(2005) que avaliaram bactérias de seis habitats de amendoim quanto à sua atividade antifúngica de largo espetro contra 8 agentes patogénicos fúngicos, incluindo *S.rolfsii.* Os resultados revelaram que *Pseudomonassps.*, isolado GRS-175, *P. aeruginosa* GPS-21, GSE-18, GSE-19 e GSE-30 foram altamente antagónicos contra *S.rolfsii* .

Ziedan (2006) isolou vinte e cinco isolados bacterianos de raízes de amendoim e descobriu que *Bacillus subtilis* (No.1) colonizou abundantemente a raiz de amendoim do que *P.flourescens* e controla eficazmente as doenças de podridão da raiz e da vagem.

Chandra *et al.*, (2007) isolaram a estirpe bacteriana antagonista *Mesorhizobium loti* MP6 de nódulos radiculares de *Mimosa pudica*, que mostrou um forte efeito antagonista contra *Sclerotinia sclerotiorum*.

Rakh (2011) isolou 11 *Pseduomonas* sps do solo rizosférico do amendoim e a estirpe CA/RN controla eficazmente o agente patogénico, *S.rolfsii*.

Rekha (2012) isolou quarenta e quatro isolados de *Trichoderma* do solo da rizosfera e verificou que estes isolados *de Trichoderma* eram eficazes no controlo da doença da podridão do colo do amendoim.

Radhaiah *et al.*, (2012) isolaram sessenta isolados de *Pseudomonas* spp. de solos da rizosfera de diferentes plantas de amendoim e descobriram que as espécies bacterianas controlam eficazmente o patogénio *S.rolfsii*.

Adhilakshmi *et al.*, (2014) isolaram trinta isolados de spp. bacterianas, isoladas de solos da rizosfera de diferentes plantas de amendoim e descobriram que as espécies de actinomicetos controlam eficazmente o patogénio *S.rolfsii*.

A cultura do amendoim está gravemente infetada com a doença da podridão do caule. Embora a aplicação de fertilizantes e produtos químicos não controle as doenças. O uso de produtos químicos pode ser uma medida de curto prazo e causa sérios problemas ecológicos. Os métodos biológicos, por outro lado, podem ser economicamente duradouros e livres de efeitos secundários. O principal objetivo do controlo biológico é suprimir o agente patogénico, o que não causaria potenciais perdas económicas numa cultura. Algumas bactérias e fungos que ocorrem naturalmente nos solos e na zona da rizosfera de várias culturas servem como potenciais agentes de controlo biológico de vários agentes patogénicos das plantas. A atividade metabólica dos micróbios na região das raízes desempenha um papel vital no crescimento das plantas e na gestão dos agentes patogénicos das plantas transmitidos pelo solo. A espécie vegetal, a idade da planta e a natureza dos exsudados radiculares influenciam em grande medida a microflora da rizosfera.

Os estudos *in vitro* mostraram que, de entre todos os isolados, o GRE-9 e o GRB-4 foram significativamente superiores na paragem do crescimento micelial de *S.rolfsii* em 100%, seguidos do GRB-16 (85,55%) e do GRB-20 (80,00%). O GRE-8 (77,78%), o GRHF-4 (75,5%) e o GRE-12 (18,88%) e o GRB-24 (11,11%) apresentaram a menor percentagem de inibição (Placa 4.2, 4.3, 4.4)

Estes resultados estão de acordo com as conclusões de Kishore *et al.*, (2005) que avaliaram 393 estirpes bacterianas associadas ao amendoim para o controlo da doença do apodrecimento do caule. Os endófitos de sementes de amendoim *Pseudomonas aeruginosa* GSE-18 e GSE-19 reduziram a mortalidade das plântulas em 54 e 58 por cento, respetivamente.

Arunasri (2003), que testou o antagonismo de 4 isolados de *Trichoderma, Rhizopus* spp., *A.niger, A.flavus, Penicillium* spp. e três isolados de bactérias contra um isolado de crossandra de *S.rolfsii*, verificou que o isolado-T1 de *Trichoderma* foi eficaz na inibição do crescimento micelial de *S.rolfsii* até 69,76% e da população de esclerócios em 90,86%.

E resultados semelhantes de Karthikeyan*et al.*, (2006) testaram o antagonismo de *Trichoderma viride* & *Pseudomonas fluorescens* (Tv1 de *T. viride*) inibindo o crescimento de *S.rolfsii* em 69,40% respetivamente.

Vários outros autores trabalharam contra a supressão do agente patogénico *S.rolfsii in vitro*.

Radhaiah *et al.*,(2012) relataram que os isolados bacterianos ANT5, ANT11, KDP6, TPT15, TPT17 inibiram completamente o agente patogénico numa extensão de 100%. Bhuiyan e Rahman (2012) concluíram que o isolado TH-18 inibiu o agente patogénico em 83,06%. Ganesan *et al.*, (2012) relataram que 7 isolados bacterianos inibiram o crescimento do agente patogénico em 68%. Darvin (2013) inibiu o crescimento micelial de *S.rolfsii* numa extensão de 48,89%.

5.4 Efeito dos metabolitos voláteis e não voláteis do antagonista bacteriano no crescimento radial de *S.rolfsii* in *vitro*

Muitos micróbios são colonizadores eficazes de raízes e agentes de biocontrolo que produzem antibióticos. Estes antibióticos são particularmente eficazes contra os agentes patogénicos que causam doenças nas plantas e incluem *sideróforos, HCN, pirrolnitrina, fenazina e 2,4-diacetil floroglucinol e enzimas líticas, A* produção de *HCN* confirma e representa a conversão do amarelo em castanho avermelhado no papel de filtro, especialmente para *Pseudomonas spp. Trichoderma* spp. produz uma grande variedade de metabolitos secundários voláteis, como etileno, cianeto de hidrogénio, aldeídos e cetonas, que desempenham um papel importante no controlo dos agentes patogénicos das plantas.

Na presente investigação, os resultados revelaram que os metabolitos voláteis produzidos pela bactéria antagonista GRE-9, mostraram uma inibição máxima do crescimento micelial de *S.rolfsii* numa extensão de 86,66 por cento, seguidos por GRE-13 (80,00 por cento) e GRB-16 (72,20 por cento) e GRB-20 mostrou a menor inibição (50,00 por cento) contra *S.rolfsii*. O efeito inibitório do antagonista bacteriano sobre *S.rolfsii* pode dever-se à produção de alguns metabolitos voláteis como o cianeto de hidrogénio. A zona clara formada pelo microrganismo testado indica a excreção de grupos de ácidos orgânicos que têm uma elevada afinidade para quelar os iões de cálcio. A capacidade das bactérias e dos fungos para dissolver o fósforo precipitado depende da sua eficiência para produzir ácidos orgânicos e inorgânicos ou Co2.

Vários autores trabalharam na produção de metabolitos, os resultados obtidos no presente trabalho estavam de acordo com Prasanna Reddy *et al.*, (2010) que isolaram oito estirpes de *Pseudomonas fluorescens* da rizosfera de plântulas de arroz recolhidas em Andhra Pradesh e Tamilnadu. Os metabolitos brutos de um determinado isolado de *Pseudomonas fluorescens* (P.f 003) provocaram uma inibição de 78% contra *Rhizoctonia solani* em comparação com o controlo. Rakh (2011) relatou que *Pseudomonas cf. monteilii 9*, inibiu completamente 100% dos agentes patogénicos através da produção de metabolitos voláteis e Jeyaseelan *et al.*, (2012) isolaram *Trichoderma sps.*, do tomate afetado pelo *amortecimento* causado por *Pythium aphanidermatum,* e relataram que *T. harzianum* inibiu o agente patogénico em 51,7% através da produção de metabolitos voláteis.Krishnasatya *et al,* 2013 isolaram dez *Trichoderma sps.* do amendoim afetado com a podridão do caule incitante de *S.rolfsii* e relataram que os compostos voláteis de T1 inibiram 70% do crescimento do agente patogénico quando comparados com compostos não voláteis a 50% de concentração, os isolados T1 e T5 inibiram o agente patogénico a 100%, respetivamente. Dinesh Rai *et al.*, 2014 relataram que *Trichoderma harzianum* PBT 23 spsinibiu o patógeno 98,4% contra *S.rolfsii.*

Os resultados do efeito dos compostos não voláteis do antagonista bacteriano contra o agente patogénico testado indicaram que os antagonistas não tiveram qualquer ação inibidora sobre o crescimento de *S.rolfsii* em relação ao controlo *in vitro*.

5.5 Compatibilidade do potencial antagonista com diferentes fungicidas.

Seis fungicidas foram testados *in vitro* em diferentes concentrações, nomeadamente oxicloreto de cobre (0,2%), mancozebe (0,2%), carbendazim (0,1%) e tiofanato metílico (0,1%) e Hexaconazol (0,1%), Propiconazol (0,1%).

A compatibilidade dos potenciais isolados bacterianos foi testada com seis fungicidas diferentes utilizando um método espetrofotométrico. Os resultados obtidos revelaram que o isolado GRE-9 se revelou mais compatível com mancozebe a 0,2% e a menor compatibilidade foi observada com tiofanato metílico (0,1%).

Observações semelhantes foram feitas por Vidhyasekharan e Muthamilan (1995), que relataram que o tratamento de sementes com thiram e carbendazim não foi inibitório para *P. fluorescens* em condições *in vitro* de grão-de-bico.

Gayathri *et al.*, 2010 relatou que o isolado GSE-4 com fungicidas foi avaliado usando um método espetrofotométrico e descobriu que o mancozeb (0,2%) era mais compatível.Radhaiah 2012 relatou que *pseudomonas* sps era compatível com o fungicida mancozeb.

Seis fungicidas foram testados *in vitro* em diferentes concentrações: oxicloreto de cobre (0,2%), mancozeb (0,2%), carbendazim (0,1%), tiofanato metílico (0,1%), hexaconazol (0,1%) e propiconazol (0,1%).

Todos os fungicidas testados em diferentes concentrações foram considerados significativamente superiores no controlo do crescimento radial de *S.rolfsii* em relação ao controlo.

Os resultados do presente estudo revelaram que o hexaconazol (0,1%), o propiconazol (0,1%), o tiofanato metílico (0,1%) e o mancozebe (0,2%) se revelaram eficazes na inibição do crescimento de *S.rolfsii*, seguidos do carbendazim a 0,2% (63,33) e do oxicloreto de cobre a 0,1% (47,21).

Os presentes resultados estão de acordo com Johnson e Subramanyam (2000), que observaram uma inibição completa do crescimento radial de *S. rolfsii* (isolados de amendoim) com hexaconazol e propiconazol. Resultados semelhantes foram também registados por Anitha Chowdary (1997) (isolado de pimentão) com hexaconazol em condições *in vitro*.

Da mesma forma, Radhaiah *et al.*, 2012 e Samuel *et al.*, (2013) relataram que o fungicida mancozeb foi completamente eficaz contra *S. rolfsii* (isolados de amendoim) e Das *et al.*, (2014) relataram que o hexaconazol, inibiu completamente *S.rolfsii* em brinjal.

5.6 Gestão integrada da podridão do tronco

Muitos agentes patogénicos das plantas foram controlados através da utilização de fungicidas e pesticidas químicos, mas isto pode levar a efeitos nocivos para o ambiente. Foi provado que os microrganismos servem como agentes de biocontrolo e são uma fonte alternativa promissora para o controlo de doenças contra os agentes patogénicos das plantas (Papavizas & Lumsden, 1980). A introdução da gestão integrada de doenças (IDM) é uma abordagem que utiliza estratégias de gestão disponíveis para manter a população de doenças abaixo do nível limite. Combina a implicação de estratégias de controlo cultural, físico, biológico e químico para uma sustentabilidade eficaz (Khokhar e Gupta, 2014).

Tendo em conta a importância da gestão integrada de doenças e com base nos resultados obtidos na presente investigação, foi efectuado um estudo para a gestão de *S. rolfsii* no amendoim, combinando um potencial agente de biocontrolo (GRE-9) e um fungicida compatível mancozeb (0,2%) em cultura em vaso.

As sementes de sorgo esterilizadas foram consideradas adequadas para a multiplicação em massa de *S.rolfsii*, como relatado por vários trabalhadores *viz.,* Patibanda *et al.,* (2002), Gayathri *et al.,* 2010, Doley *et al.,* (2014). Assim, durante o presente estudo, o agente patogénico foi multiplicado em massa em sementes de sorgo esterilizadas e utilizado para a inoculação do solo.

Na presente investigação, o potencial antagonista bacteriano GRE-9 foi multiplicado em massa em caldo de nutrientes (10^8 cfu) e aplicado ao solo a 20 ml kg^{-1} . Da mesma forma, Padmodaya e Reddy (1998) multiplicaram em massa *Pseudomonas* spp. em caldo de nutrientes e aplicaram no solo 20 ml kg^{-1} e também Gayathri *et al.* (2010) multiplicaram em massa o antagonista bacteriano GSE-4 em caldo de nutrientes e aplicaram no solo 20 ml kg^{-1} .

Mishra (2013) referiu que o isolado PBAP-27 (*P.fluorescens*) desenvolveu formulações mistas e aumentou a germinação das sementes entre 25,5 e 72,11% e o controlo da doença entre 47,68 e 76,00%.

A eficácia da abordagem integrada que incluía o antagonista potencial (GRE-9) + fungicida eficaz através de diferentes combinações com 9 tratamentos foi avaliada na percentagem de incidência da doença (PDI) e nos parâmetros de crescimento, *nomeadamente,* altura da planta, comprimento da raiz, peso seco do rebento e da raiz.

No presente estudo, o controlo máximo da doença foi observado no tratamento integrado (T7) que incluiu o tratamento do solo e das sementes com BCA potencial *(Alcaligenes faecalis)*+ tratamento do solo e das sementes com fungicida mancozeb (10,09 PDI).

Pode dever-se ao efeito sinergético do mancozeb (0,2%) e do antagonista no PDI. No controlo integrado, o fungicida pode ter enfraquecido o agente patogénico, bem como os esclerócios, tornando-os mais susceptíveis aos antagonistas.

Vários investigadores relataram resultados semelhantes na gestão de várias doenças do solo através da integração de agentes de biocontrolo com produtos químicos.

A sobrevivência de 100% das plantas infectadas com *Phytophthora capsici* da pimenta preta foi obtida quando *as estirpes de Pseudomonas fluorescens* foram aplicadas em combinação com metalaxil (Diby paulet *al.,* 2005).

Os tratamentos, T11 *(T.viride* + Vermicomposto + torta de nim) e T10 (*T. viride* + Vermicomposto + torta de mamona) foram eficazes na redução da incidência percentual da doença da podridão do caule do amendoim causada por *S. rolfsii.* (6,6%)

quando comparado com o controlo (73,3%), conforme relatado por Rajani *et al.,* (2006).

Rakh (2011) referiu que o tratamento de sementes com *Pseudomonas cf. monteilii 9* diminuiu a percentagem de incidência da doença no amendoim causada por *S. rolfsii* (45,45) quando comparado com o controlo 66,67%.

Da mesma forma, Samuel *et al.,* (2013) relataram que o composto de parthenium e estrume de gado @ 4 toneladas por ha e o tratamento de sementes com Mancozeb @ 50gm/Kg foram eficazes no controlo da doença por cento da podridão radicular do amendoim causada por *S. rolfsii* (34,8 %).

No presente estudo, tentou-se observar se os tratamentos impostos têm algum efeito estimulador (ou) inibidor na altura média das plantas, no comprimento das raízes e no peso seco dos rebentos e das raízes das plantas de amendoim.

A altura máxima da planta (27,45 cm) foi registada no tratamento integrado de solo e sementes com potencial BCA *(Alcaligenes faecalis)* + tratamento de solo e sementes com fungicida mancozeb e este tratamento foi considerado estimulante para o crescimento da planta. A altura mínima da planta (13,5 cm) foi registada no controlo. Atribui-se que o mancozebe pode deter o agente patogénico e os antagonistas podem parasitar o agente patogénico e promover o crescimento através da secreção de metabolitos promotores do crescimento.

Lynch e Whipps (1991) provaram que a promoção do crescimento das plantas por rizobactérias se deve à estimulação química e física das raízes das plantas, resultando numa emergência mais rápida, num nível mais elevado de clorofila e numa maior estrutura.

Liu *et al.,* (2000) também observaram um rácio mais elevado de rebentos por raiz em plantas tratadas com estirpes de rizobactérias promotoras do crescimento de plantas. O tratamento das sementes com *Trichoderma viride* e *Pseudomonas fluorescens* aumentou o crescimento das plantas de tomate (Manoranjitham *et al.,* 2000).

A bacterização de sementes por pseudomonas fluorescentes provou ser um método potencial para a melhoria do crescimento das plantas, bem como para a supressão de fungos patogénicos para as plantas (Rao *et al.,*1999). Tipos semelhantes de resultados também foram observados por Shivani Bhatia *et al.,* (2005).

Mathivanan *et al.,*(2014) também observou a aplicação combinada de *Pseudomonas, Bacillus, Rhizobiumincreased* altura da planta.

No presente estudo, o comprimento máximo da raiz (11,5 cm) foi registado no tratamento integrado T7 (tratamento do solo e das sementes com BCA potencial *(Alcaligenes faecalis)* + tratamento do solo e das sementes com fungicida mancozeb).

Manoranjitham *et al.,*(1999) relataram que o tratamento de sementes com *Trichoderma viride* (4g kg^{-1}) e *Pseudomonasfluorescens* (5g/kg^{-1}) controlou eficazmente *o Pythium* que causa o amortecimento em malaguetas e também aumentou o comprimento dos rebentos, o comprimento das raízes e a produção de matéria seca.

Radhaiah *et al.,* (2012) observaram que o tratamento de sementes com o antagonista (TPT15) e o fungicida Mancozeb controlaram eficazmente a podridão do caule causada por *S.rolfsii* no amendoim e também aumentaram o comprimento dos rebentos (12,0 cm).

Sayyed *et al.,* (2010) relataram que o isolado BCCM 2374, identificado como bactéria *Alcaligenes faecalis* a 1% de nível de inóculo, aumentou o comprimento da raiz (9,35 mm) no amendoim.

Os resultados da presente investigação estão de acordo com relatórios anteriores que mostram que os tratamentos integrados com agentes de biocontrolo aumentaram o peso dos rebentos e das raízes do amendoim. Foram registados pesos secos máximos de rebentos e raízes no tratamento integrado T7 (tratamento do solo e das sementes com BCA potencial *(Alcaligenes faecalis)+* tratamento do solo e das sementes com fungicida mancozeb). O aumento da produção de matéria seca de plântulas de tomate devido à aplicação combinada de *Trichoderma viride* e *Pseudomonas fluorescens* foi relatado por Manoranjitham *et al.,*(2000).

Entre todos os tratamentos impostos, o tratamento T7 (aplicação no solo com o potencial agente de biocontrolo juntamente com fungicida compatível & tratamento de sementes com potencial BCA *(Alcaligenes faecalis)+* tratamento de sementes com fungicida mancozeb) foi considerado superior e registou o menor PDI, peso seco máximo de rebentos e raízes.

As presentes constatações são apoiadas por outros trabalhadores, segundo os quais a integração de um agente de biocontrolo com um fungicida compatível proporcionou, em várias culturas, um controlo da doença significativamente mais elevado do que o obtido com um agente de biocontrolo (ou) fungicida. (Henis *et al.,*1978,Sawant e Mukhopadhay 1990).

5.7 Caracterização molecular de potenciais agentes de biocontrolo

Recentemente, as técnicas moleculares, como a impressão digital genética, estão a desempenhar um papel importante na caraterização da diversidade microbiana. Assim, para estudar a diversidade entre os agentes de biocontrolo, foi realizada a técnica RAPD (Random Amplified Polymorphic DNA) e foi utilizado o método de sequenciação 16S rDNA para identificar os potenciais agentes de biocontrolo.

Os marcadores RAPD baseiam-se na amplificação por PCR de segmentos aleatórios de ADN com iniciadores simples, tipicamente curtos, de sequência nucleotídica arbitrária (Williams *et al.,* 1990). Uma desvantagem dos marcadores RAPD é o facto de os polimorfismos serem detectados apenas como a presença ou ausência de uma banda com um determinado peso molecular. Para além de serem herdados de forma dominante, os RAPD também apresentam alguns problemas de reprodutibilidade dos dados. As suas principais vantagens são a simplicidade técnica e a independência de qualquer informação prévia sobre a sequência de ADN. As abordagens baseadas no ADN (genotípicas) têm sido cada vez mais aplicadas à identificação e classificação microbianas. De facto, estas abordagens moleculares resultaram no nascimento de uma nova subespecialidade da ecologia. Geralmente, estes métodos tendem a depender de variáveis de crescimento bacteriano, são mais estáveis, consomem menos tempo e são muito úteis para determinar as relações filogenéticas entre isolados microbianos e para atribuir estirpes a grupos específicos.

Durante a presente investigação, a diversidade genética entre catorze isolados de potenciais agentes de biocontrolo que têm diferentes graus de antagonismo contra *S.rolfsii* in *vitro* foi estudada utilizando RAPD. Um total de 2013 produtos amplificados, dos quais 1667 eram polimórficos e 346 eram bandas monomórficas, foram obtidos utilizando 31 primers, nomeadamente OPA 1 a 20 e OPC 1 a 20. O número total de bandas de ADN amplificadas variou entre 1 e 12, com uma média de 64 bandas por iniciador.

O número máximo de bandas polimórficas foi obtido com o primer OPA 12, 19, OPC7, 8,14,15,19 e o número mínimo foi obtido com o primer OPA6. A percentagem de polimorfismo varia entre 42% e 100%. O polimorfismo médio entre os 14 isolados bacterianos foi de 82%. O tamanho total das bandas dos produtos amplificados por PCR variou entre 250 pb e 2800 pb.

Todos os 40 iniciadores, ou seja, OPA-1 a OPA-20 e OPC-1 a OPC-20, detectaram as bandas específicas que variam entre 250 pb e 3000 pb, respetivamente.

O dendrograma formado utilizando o programa de média aritmética de grupos de pares não ponderados (UPGMA) do software NTSYSpc 2.11, a distância genética variou entre 0,48 e 0,91. O agrupamento I contém seis isolados, *nomeadamente* GRE-15, GRE-18, GRB-11, GRB-2, GRE-11 e GRB-12. Entre estes isolados, o GRE-15 e o GRB-12 são moderadamente compatíveis com o agente patogénico *S.rolfsii* e, com base no seu agrupamento geográfico, todos os isolados pertencem ao distrito de Chittor e o agrupamento II contém oito isolados, *a saber* GRE-9, GRB-20, GRE-12, GRB-16, GRB-9, GRB-5, GRB-4 e GRB-14, entre os quais os isolados altamente compatíveis GRE-9, GRB-20 e GRE-16 foram agrupados no grupo 2a, pertencente à área geográfica do distrito de Chittor, enquanto o grupo 2b formado por GRB-4, GRB-5 e GRB-9 era moderadamente compatível com o agente patogénico *S. rolfsii* e, com base no agrupamento geográfico, todos os isolados pertenciam ao distrito de Kadapa. A árvore filogenética revelou que o GRE-9 e o GRB-14 apresentavam uma elevada diversidade entre os catorze isolados.

Estes resultados estão de acordo com Ramesh Kumar *et al.,*(2002) que estudaram a variabilidade genética entre os isolados de *Pseudomonas* por RAPD com iniciadores aleatórios, e o iniciador pgs3 produziu várias bandas, incluindo uma banda única com tamanho de 800 pb.

Megha *et al.,* (2007) estudaram a diversidade de quinze isolados de pseudomonadas fluorescentes utilizando RAPD - PCR com oito iniciadores aleatórios, *nomeadamente* OPC-9, OPD-2, OPD-3, OPO-6, OPO-09, OPO-13, 15 e 16. Os amplicons de PCR de pseudomonas fluorescentes obtidos a partir de oito primers aleatórios produziram 127 bandas polimórficas. O mínimo de bandas (9) foi produzido pelo iniciador OPD-02 e o número máximo de bandas (25) foi produzido pelo OPO-16.

Rajendra *et al.,* (2011) estudaram a diversidade genética de dez isolados de *Fusarium sps.* utilizando RAPD com três primers, nomeadamente OPAD-4, OPAD-7 e OPAD-18, que produziram 27 bandas com tamanhos compreendidos entre 250 e 3700 pb, tendo sido obtido um número máximo de bandas com o Primer OPAD18.

Prasad (2014) estudou a diversidade genética de rhizobium sps com RAPD-PCR utilizando 4 primers, *nomeadamente* OPZ-8, 9, 10 e 11, tendo obtido um total de 79 bandas com uma distância de semelhança de 0,00 a 0,47.

Na presente investigação, o isolado bacteriano GRE-9 foi identificado como *Alcaligenes faecalis* (NCBI ACCESSION NO.**KX751705**), que é eficaz contra *S.rolfsii*. A região 16S do rDNA foi amplificada para todos os isolados bacterianos em estudo, utilizando primers específicos 27F e 1525R. Estes iniciadores produziram um amplicon de 1500 pb, como esperado, indicando que toda a microflora potencialmente antagonista identificada é uma bactéria e pertence a um reino de procariotas.

(2016) isolaram a estirpe S8 e identificaram-na *como Alcaligenes faecalis* subsp. *faecalis str.* S8 (Número de acesso: KR818077) utilizando a sequenciação do gene 16S rDNA.

Ayako kawai *et al.,* (2006) que estudaram a caraterização molecular de todas as estirpes isoladas de *Bacillus* spp. Estes resultados sugerem que o KB-1 e as estirpes de isolados do KB-1 foram identificados com base no 16S rDNA e 16S rDNA - RFLP.

Manjunatha e Naik (2013) isolaram as estirpes de *Pseudomonas* fluorescentes RPF-13 e RPF-81 e identificaram estas estirpes como *P. alcaligenes* (Z76653) e *P. aeruginosa* (EU915713) através da amplificação da região do genoma do ADN 16S r que consiste em aproximadamente 1316 pb utilizando dois pares de primers: fD1 e rP2.

Radhaiah (2013) estudou a diversidade genética das estirpes SAMB-17, SAMB-2, SAMB-9, SAMB-15, SAMB-3 e SAMB-29 utilizando 4 primers, *nomeadamente* OPA-08, OPA-14, OPA-20 e OPC-08, e produziu 154 bandas polimórficas que variam entre 600 pb e 3500 pb, formando dois grupos. Utilizando a sequenciação de 16S rRNA de aproximadamente 1300 pb, a estirpe SAMB-17 foi identificada como *Bacillus subtilis.*

Aruna Bindu e Bhaskar Reddy (2013) identificaram o organismo como *Bacillus stratosphericus* DF (número de acesso: KC866366.) utilizando a sequenciação do 16S rRNA.

O presente estudo sobre a caraterização molecular de potenciais agentes de biocontrolo por RAPD e análise do rDNA 16S revela a existência de polimorfismo entre os isolados.

RESUMO E CONCLUSÃO

O amendoim (*Arachis hypogaea* L.) é uma cultura de sementes oleaginosas na Índia, cobrindo quase metade da área cultivada com sementes oleaginosas. No presente estudo, a podridão do caule causada por *Sclerotium rolfsii* Sacc é um problema importante e provoca perdas de rendimento até 10-25%.

O *S. rolfsii* (Sacc.) é um grave agente patogénico das plantas, nascido no solo, que ocorre em todo o mundo e causa enormes perdas em cerca de 500 espécies de plantas. No presente estudo, foram efectuadas as seguintes investigações: i) Estudo da incidência da podridão do caule do amendoim nas principais regiões de cultivo de amendoim de Andhra Pradesh ii) Isolamento do agente patogénico *S.rolfsii* e comprovação da patogenicidade iii) Isolamento de antagonistas da rizosfera/endófitos de plantas sãs de amendoim recolhidas durante o estudo iv) Avaliação dos antagonistas contra o agente patogénico *S.rolfsii in vitro.*v) Teste de compatibilidade entre potenciais agentes de biocontrolo e fungicidas.vi) Caracterização molecular dos potenciais agentes de biocontrolo por 16S rDNA e RAPD, respetivamente. Vii) Multiplicação em massa e desenvolvimento de formulações à base de talco de potenciais agentes de biocontrolo. Viii) Gestão da podridão do caule do amendoim com integração de agentes de biocontrolo compatíveis e potenciais e fungicidas padrão em condições de estufa. Os resultados obtidos na presente investigação são resumidos aqui.

O agente patogénico associado à podridão do caule do amendoim foi identificado como *S.rolfsii* com base em chaves micológicas padrão (Barnett e Hunter, 1972).

A variedade de amendoim TCGS-888 foi avaliada contra cinco níveis de inóculo de *S.rolfsii*. A incidência da doença foi avaliada com base em dois parâmetros: percentagem de germinação e percentagem de incidência da doença. A percentagem máxima de germinação (86,41%) e a percentagem mínima de incidência da doença (21,35%) foram registadas ao nível de inóculo de 25 g/kg de solo, respetivamente.

A eficácia *in vitro* de seis fungicidas, a saber, Carbendazim, Hexaconazol, Propiconazol, Tiofenato Metil e COC e Mancozeb foi avaliada contra *S.rolfsii* (Sacc.) usando a técnica de alimentos envenenados em diferentes concentrações. Entre todos, o Mancozebe, seguido do Propiconazol, Hexaconazol, Tiofenato de Metilo, mostrou 100% de inibição do crescimento micelial, enquanto o carbendazime mostrou uma inibição média de 63,33%.

Um total de 56 microflora antagonista (11 fungos e 45 bactérias) foi obtido da rizosfera e das raízes do amendoim. Os potenciais isolados antagonistas foram identificados com base na sua capacidade de inibir o crescimento de *S.rolfsii* na técnica de cultura dupla.

Entre os cinco isolados fúngicos antagonistas, o GRHF-4 foi superior com a maior percentagem (75,55%) de inibição do crescimento de *S.rolfsii*, seguido do GREF-1 (55,55%). Relativamente às bactérias endófitas da raiz, o isolado GRE-9 mostrou uma inibição máxima do crescimento de *Sclerotium rolfsii* (100%), seguido do GRE-8 (77,8%) e do GRE-2 (75,55%). Relativamente às bactérias da rizosfera, o isolado GRB-4 apresentou uma inibição máxima (100%) do crescimento de *S. rolfsii*, seguido do GRB-16 (85,55%) e do GRB-20 (80%).

Entre os isolados bacterianos, o GRE-9 foi mais compatível com o mancozebe (1,26nm) no método espetrofotométrico. Entre os nove tratamentos impostos na experiência de cultura em vaso, o tratamento T7 (aplicação no solo e tratamento de sementes com o potencial agente de biocontrolo (*Alcaligenes faecalis* - GRE-9) e o fungicida mancozebe) foi considerado superior, uma vez que registou o menor PDI de 10,09%. Este tratamento também registou a altura máxima da planta (27,45 cm), o comprimento da raiz (11,5 cm) e o peso seco máximo do rebento e da raiz, ou seja, 4,9 g e 1,20 g, respetivamente, quando comparado com outros tratamentos.

O perfil de bandas RAPD com 40 iniciadores aleatórios diferentes, *nomeadamente,* OPA-1 a OPA-20 e OPC-1 a OPC-20, revelou a existência de variabilidade genética entre os isolados, que foram classificados em 2 grupos principais. O agrupamento I está subdividido nos agrupamentos 1a (GRE-15) e 1b (GRE-18 e GRE-11). O agrupamento II contém o subagrupamento 2a1 apenas GRE-9 e 2a1 GRB-20 e GRB-12 e 2a 2 GRB-16 e GRB-9, e o agrupamento 2b1 apenas GRB-14 e 2b2 contém GRB-5 e GRB-4.

A amplificação do 16S rDNA com os iniciadores 27F e 1525R, que são específicos do 16S rDNA bacteriano, produziu um fragmento de aproximadamente 1500 pb. O amplicon de 1500 pb foi amplificado a fim de observar o polimorfismo no 16S rDNA. O isolado bacteriano potencialmente antagonista GRE-9 foi identificado como *Alcaligenes faecalis* com base na sequência 16S rDNA.

Pode concluir-se do presente inquérito

No presente estudo, obteve-se um total de 56 microflora antagonista a partir de bactérias da rizosfera e de endófitos das raízes.

Entre todos os antagonistas, *Alcaligenes faecalis* (GRE-9) mostrou-se 100% eficaz contra o agente patogénico *S.rolfsii.*

Em condições *in vitro, a* combinação de *Alcaligenes faecalis* com o fungicida mancozebe revelou-se altamente compatível.

Estudos de cultura em vaso (potencial antagonista *Alcaligenes faecalis)* revelaram que a aplicação no solo do potencial agente de biocontrolo *Alcaligenes faecalis* (GRE-9) e o tratamento de sementes com fungicida mancozeb foram eficazes na redução da podridão do caule do amendoim.

Alcaligenes faecalis (ACCESSION NO.**KX751705**), é um bom fungicida tolerante e potencial anatagonista contra *S. rolfsii* que causa a podridão do caule do amendoim.

Concluindo, o método RAPD é capaz de distinguir os vários isolados bacterianos, e orientado para uma região específica do genoma e é altamente reprodutível. É necessária mais investigação sobre a multiplicação em massa deste isolado para formular formulações de talco para o controlo eficaz da podridão do caule no amendoim, que é uma prática melhor de redução de custos, especialmente no cultivo de sequeiro.

REFERÊNCIAS

LITERATURA CITADA

Abdallah RAB, Trabelsi BM, Nefzi A, Khiareddine HJ, Remadi MD 2016. Isolamento de bactérias endofíticas de *Withaniasomnifera* e avaliação da sua capacidade de suprimir a doença de Fusarium Wilt no tomate e de promover o crescimento das plantas.*Journal of Plant Pathology and Microbiology*. 7: 352

Adiver S S, 2003. Influence of Organic Amendments and Biological Components on Stem Rot of Groundnut, National Seminar on Stress Management in Oilseeds For Attaining Self Reliance in Vegetable Oil Indian Society of Oilseeds Research, Directorate of Oilseeds Research, Hyderabad From January 28 - 30, 15-17 Pp.

Adhilakshmi M, Latha P, Paranidharana V, Balachandar D, Ganesamurthy K & Velazhahan R, 2014. Controlo biológico da podridão do caule do amendoim (*Arachis hypogaea* L.) causada por *Sclerotium rolfsii* Sacc. com actinomicetos. *Arquivos de Fitopatologia e Proteção de Plantas* 47:298-311.

Agnihotri V P, Sen C e Srivastava S M, 1975. Role of fungitoxicants in the control of sclerotium root rot of sugarbeet, *Beta vulgaris L. Indian Journal of Experimental Biology* 13: 8991.

Ainsworth GC, 1961. Dictionary of fungi.Common Wealth Mycological Institute.Kew Burrey, Inglaterra.547 pp.

Akbari L F e Parakhia A N, 2001. Efeito dos fungicidas como bioagentes fúngicos, *Journal of Mycology and Plant pathology* 31: 101.

Aliyu M B, Oyeyiola G P, 2011. Utilização de Hidrocarbonetos de Petróleo Invitro por Isolados Bacterianos da Rizosfera de Amendoim *Arachis hypogeae* L. *Jornal de Investigação Científica Asiática* 2: 53-61.

Amarsingh e Dhanbir Singh, 1994. Biocontrolo de *Sclerotium rolfsii* (Sacc.) que causa a podridão do colo da Brinjal. *Journal Biological Control* 8: 111-114.

Anahosur K H, Srikant Kulkarni, Ganddnakeri M A e Staradhi A, 1998. Gestão da murcha de esclerócio da batata através da rotação de culturas. Trabalho apresentado no encontro da IPS da zona sul dos EUA, Bangalore, realizado de 10 a 12 de dezembro de 1998.

Anahosur K H, 2001. Gestão integrada da murcha de esclerócio da batata causada por *Sclerotium rolfsii. Indian Phytopathology*54: 158166.

Aneja K R, 1993. Experiments in Microbiology, plant pathology and tissue culture. Wishwa Prakashan, Nova Deli (uma divisão da Wiley Eastern Ltd.), 471 pp.

Anitha Chowdary K, 1997. Estudos sobre a murcha esclerocial do pimentão (*Capsicum annum* L.). M.Sc. (Ag), Tese apresentada à Acharya N G Ranga Agricultural University, Hyderabad, Andhra Pradesh.

Anitha Chowdary K, Rajaram Reddy D, Chandrasekahara Rao K, Bhupal reddy T e Prabhakar Reddy I, 2000. Integrated management of sclerotial wilt disease of bell pepper (*Capsicum annuum* L.)*Indian Journal of Plant Protection* 28:15 - 18.

Anamika Tiwari, 2001. *Sclerotium rolfsii* - A Devastating threat in chestnut (*Trapa bispinosa*) cultivation - New record from Madhya Pradesh.*Journal of Mycology and Plant Pathology* :262.

Ansari M M e Agnihotri S K. 2000. Morphological, physiological and pathological variations among *Sclerotium rolfsii* isolates of soybean. *Indian Phytopathology* 53: 65-67.

Aneja K R, 2001. Experiências laboratoriais em microbiologia, biotecnologia, cultivo de cogumelos e cultura de tecidos. New Old Publications, 544 pp.

Arjunan Muthukumar e Arjunan Venkatesh, 2013. Ocorrência, Virulência, Densidade do Inóculo e Idade da Planta de *Sclerotium rolfsii* Sacc.Causando a Podridão do Colarinho da Hortelã-Pimenta.*Journal of Plant Pathology and Microbiology* 4:1-5.

Anónimo, 2011. Relatório anual de progresso do AICRP sobre o amendoim, DGR, Junagadh, Gujarat, Índia.

Arunasri P, 2003. Manejo da doença da podridão do colo da crossandra (*Crossandra infundibuliformis* L. Nees.) provocada por *Sclerotium rolfsii* (Sacc.). M.Sc. (Ag), Tese apresentada à Acharya N.G.Ranga Agricultural University, Hyderabad, Andhra Pradesh.

Aruna Bindu D R, Bhaskar Reddy I, 2013. Protease alcalina extracelular de um Bacillus stratosphericus DF recentemente isolado: isolamento e identificação. *Revista internacional de investigação científica* 2: 29-31.

Asghari M A e Mayee C D, 1991. Comparative efficacy of Management practices on stem and pod rots of groundnut. *Indian Phytopathology* 44: 328-332.

Asish Mahato e Bholanath Monda, 2014. *Sclerotium rolfsii*: variabilidade dos seus isolados, patogenicidade e uma opção de gestão ecológica. *Jornal de Ciências Químicas, Biológicas e Físicas* 4: 3334-3344.

Atlas R e R Bartha, 1998. Microbial Ecology.Fundamental and Applications. Benjamin/Cummings Sci. Pub., Menlo Park, CA.

Ausubel, 1999. Short protocols in molecular biology 4th edition.1512 pp.

Ayako Kawai, Kaori Kusunoki, Daigo Aiuchi, Masanori Koike, Masayuki Tani e Katsuhisa Kuramochi, 2006. Controlo biológico da mancha negra de verticillium do rabanete japonês utilizando *Bacillus* spp. e diferenciação genotípica da estirpe antifúngica selecionada de *Bacillus* com marcador antibiótico. *Research Bulletin Obihiro* 27: 109119.

Aycock R, 1966. Podridões do caule e outras doenças causadas por *Sclerotium rolfsii*. North Carolina Agricultural Experiment Station Technical Bulletin No.174, 202 p.

Azhar Hussain S H, Muhammad Iqbal Nijma Ayub e Asharaf Zahid M, 2006. Factores que afectam o desenvolvimento da doença da podridão do colo no grão-de-bico. *Pakistan Journal of Botany* 38: 211-216.

Barnett H L e Barry B Hunter, 1972. Illustrated genera of imperfect fungi.Burgess publishing company, Minnesota.

Basamma, 2008. Manejo integrado da murcha de esclerócio da batata causada por *Sclerotium rolfsii* (Sacc). Dissertação de Mestrado (Agri. (Agri.) Tese apresentada à Universidade de Ciências Agrícolas, Dharwad.

Baswaraj R, 2005. Estudos sobre a murchidão da batata causada por *Sclerotium rolfsii* Sacc.M.sc.(Agri.)Tese apresentada à Universidade de Ciências Agrícolas, Dharwad.

Bharti S L, Singh R, Verma A e Upadhyay R S, 2004. Biocontrolo do amortecimento do tomate causado por *Pythium aphanidermatum* utilizando *Trichoderma harzianum* e *Bacillus subtilis* (Abstr.). *Indian Phytopathology* 57: 362.

Bhuiyan M A H B, Rahman M T, 2012. Triagem *in vitro* de fungicidas e antagonistas contra *Sclerotium rolfsii.African Journal of Biotechnology* 11: 14822-14827.

Bindu Madhavi G e Bhattiprolu S L, 2011. Gestão integrada de doenças da podridão radicular seca da malagueta provocada por *Sclerotium rolfsii* (sacc.). *Revista Internacional de Ciências Vegetais, Animais e Ambientais* 1: 31-37.

Bisht N S, 1982. Controlo da podridão de esclerócio da batata. *Indian Phytopathology* 72: 148-149.

Bora L C e Deka S N, 2008. Bioformulação de *Pseudomonasaeruginosa* em substratos orgânicos e o seu papel na gestão da murchidão bacteriana da malagueta (*Capsicum annum*). *Journal of Mycology and Plant pathology* 38: 80-83.

Bowen K L, Hagan A K e Weeks R, 1992. Sete anos de *Sclerotium rolfsii* em campos de amendoim: Perdas de rendimento e meios de minimização. *Plant Disease.*76: 982 -988.

Butler E J e Bisby G R, 1931. Fungi in India, Conselho Indiano de Investigação Agrícola, Nova Deli, *Monografia Científica*, 552 p.

Chakravarthy S e Bhowmik T P, 1983. Sintomas e técnicas de indução da podridão do colo do girassol causada por *Sclerotium rolfsii* (Sacc.) *Indian Journal of Agricultural Science* 53: 570-575.

Chakravarthy C N ,Krishnappa M e Thippeswamy B, 2005. Reação de germoplasmas de feijão Cluster contra *Sclerotium rolfsii* que causa o apodrecimento das raízes. *Journal of Mycology and Plant Pathology* 35: 6366.

Chandra Shikha, Kamlesh Choure, Ramesh C Dubey, Dinesh K, Maheshwari, 2007. O mesorhizobium loti mp6, competente na rizosfera, induz o enrolamento dos pêlos radiculares, inibe a esclerotinia sclerotiorum e aumenta o crescimento da mostarda indiana (*Brassica campestris*) *Brazilian Journal of Microbiology* 38:124-130.

Charitha Devi M e Reddy M N, 2003. Biological control of *Sclerotium rolfsii* the incitant of root rot of groundnut (*Arachis hypogaea* L.). Indian Society of Oilseeds Research, Directorate of Oilseeds Research, Hyderabad, de 28 a 30 de janeiro: 18-19 pp.

Charitha Devi M e Sreedevi B, 2012.Mecanismo de controlo biológico da podridão radicular do amendoim causada por *Macrophomina phaseolina* utilizando *Pseudomonas fluorescens.Indian phytopathology* 65:360-365.

Chet I, 1975. Ultra structural basis of Sclerotial survival in soil. *Ecologia Microbiana* 2:194-200.

Cilliers A J, Herselman L e Pretorious Z A, 2000. Genetic variability within and among mycelial compatibility groups of *Sclerotium rolfsii* in South Africa.*Phytopathology* 90: 1026-1031.

Cook R J e Baker K F, 1983. The nature and practice of biological control of plant pathogen.*American Phytopathological Society*, St. Paul, Minnesota, 539 p.

Cooper W E, 1961. Estirpes de resistência e antagonistas de *Sclerotium rolfsii.Phytopathology* 51: 113 - 116.

Cunniffe Nik J, Christopher A, Gilligan, 2011. Um quadro teórico para o controlo biológico dos agentes patogénicos das plantas no solo: identificação de estratégias eficazes. *Journal of Theoretical Biology* 278:32-43.

Curzi M, 1931. Studi Sulo *Sclerotium rolfsii* Bolletino della statzione di catalogia vegetable di Roma NS 11: 306-373.

Daffonchio D, Borin S, Consoandi A e Mora D, 2004. Espaçadores transcritos internos 16S-23S rRNA como marcadores moleculares para as espécies do grupo 16S rRNA do género *Bacillus. FEMS Microbiology Letters* 263: 257-260.

Darakhshanda Kokub, Azam F, Hassan A, Ansar M, Asad M J e Khanum A, 2007. Crescimento comparativo, caraterização morfológica e molecular de estirpes indígenas de *Sclerotium rolfsii* isoladas de diferentes locais do Paquistão. *Pakistan Journal of Botany* 39: 1849-1866.

Darvin G, 2013. Efeito de extractos de plantas no crescimento radial de *Sclerotium rolfsii* (sacc.) que causa a podridão do caule do amendoim. *Revista Internacional de Biologia Aplicada e Tecnologia Farmacêutica* 4: 69-73.

Davut Soner Akgul, Hulya ozgonen e Ali erkilic, 2011. Os efeitos do tratamento de sementes com fungicidas na podridão do caule causada por *Sclerotium rolfsii* (sacc.) no amendoim. *Pakistan Journal of Botany43* : 2991-2996.

Das N C, Dutta B K e Ray DC, 2014. Potencial de alguns fungicidas no crescimento e desenvolvimento de *Sclerotium rolfsii* (Sacc.) *in vitro.International Journal of Scientific and Research Publications* 4:1-5.

Dennis C e Webster J, 1971. Propriedades antagónicas de grupos de espécies de Trichoderma II para a produção de antibióticos vegetais. *Trans British Mycological Society* 57: 25-39.

Deepak Kumar e Dubey S C, 2001. Gestão da podridão do colo da ervilha através da integração de métodos biológicos e químicos. *Indian Phytopathology* 54: 62-66.

Dey R, Pal K K, Bhatt D M e Chauhan S M, 2004. Promoção do

crescimento e aumento do rendimento do amendoim (*Arachis hypogaea* L.) através da aplicação de rizobactérias promotoras do crescimento de plantas. *Microbiological Research* 159: 371 - 394.

Dhamnikar S V e Peshney N L, 1982. Controlo químico da murcha de Sclerotium do amendoim. *Pesticidas* 30: 19-21.

Dhingra O D e Sinclair J B, 1995. Basic Plant Pathology Methods, CRC Press London.

Diby Paul, Jisha P J, Sharma Y R e Anand Raj M, 2005. Rhizospheric *Pseudomonas fluorescens* as rejuvenating and root proliferating agents in black pepper.*Journal of Biological Control* 19: 173-178.

Dinesh Rai, Deepika Saxena, Tewari A K, 2014. Avaliação antagonista *in vitro* de *T. Harzianum* PBT 23 contra fungos patogénicos de plantas. *Jornal de Investigação em Microbiologia e Biotecnologia* 4: 59-65.

Direção de Economia e Estatística Relatório de 2014 - Estatísticas agrícolas num relance Andhra Pradesh.

Doley Khirood e Paramjit Kaur jite, 2013. Gestão da podridão do caule da cultivar de amendoim (*Arachis hypogaea L.*) no campo. *Notulae Scientia Biologica5*: 316-324.

Doley Khirood, Mayura Dudhane, Mahesh Borde e Paramjit K Jite, 2014. Efeitos de *glomus fasciculatum* e *trichoderma asperelloides* em raízes de amendoim (cv. western-51) contra o patógeno *sclerotium rolfsii*.*International Journal of Phytopathology* 3: 89-100.

Dube H C, 2001. Rhizobacteria in biological control and plant growth promotion. *Journal of Mycology and Plant pathology* 31: 921.

Durgaprasad S, 2008. Genetic diversity and biological control of *Sclerotium rolfsii* (Sacc.) causing stem rot of groundnut (*Arachis hypogea* L.) M.Sc. (Ag.), Thesis submitted to Acharya N.G. Ranga Agricultural University, Hyderabad, Andhra Pradesh.

Durga Prasad S, Eswara Reddy N P, Bhaskara Reddy B V, Hemalatha T M e Sudhakar P, 2009. Variabilidade cultural, morfológica e patológica entre os isolados de *Sclerotium rolfsii* (sacc.) do amendoim.*Geobios* 36: 169-174.

Durga Prasad S, S Thahir Basha S, Eswara Reddy N P, 2012. Exploração de potenciais endófitos nativos compatíveis com fungicidas para a gestão de *Sclerotium rolfsii*. *Revista indiana de proteção das plantas* 39: 15-18.

Dutt B L, Patkar M B e Akhade M N, 1971. Sclerotium rot, a serious problem of potato crop in Maharastra. Actas do 2nd International Symposium Plant Pathology, Nova Deli, 56 p.

Elangovan C e Gnanamanickam S S, 1992. Incidência de *Pseudomonas fluorescens* na rizosfera do arroz e seu antagonismo em relação a *Sclerotium oryzae*.*Indian Phytopathology* 45: 358-361.

Fahmi AI, Al-Talhi AD, Hassan MM, 2012. A fusão de protoplastos aumenta a atividade antagonista em *Trichoderma spp*. *Natural Science* 10:100-106.

Farahnaz, 2006. Gestão integrada da praga negra da batata. M.Sc.(Ag),

Tese apresentada ao Centro Nacional de Investigação Agrícola (NARC), Islamabad.

Flora Zarani e Christas C, 1997. Biogénese esclerótica no basidiomiceto *Sclerotium rolfsii* - Um estudo ao microscópio eletrónico de varrimento. Mycologia 89: 598-602.

Organização das Nações Unidas para a Alimentação e a Agricultura, 2013. Relatório - FAOSTAT Production Year 2013.

Fouzia yaqub e Saleem Shahzad, 2005. Patogenicidade de *Sclerotium rolfsii* em diferentes culturas e efeito da densidade de inóculo na colonização de raízes de feijão-mungo e girassol. *Pakistan Journal of Botany* 37: 175-180.

Ganesan P e Gnanamanickam S S, 1987. Biological control of *Sclerotium rolfsii* (Sacc.) in peanut by inoculation with *Pseudomonasfluorescens. Soil biology and biochemistry* 19: 3538.

Ganesan S, Ganesh KR e Sekar R, 2007 Gestão integrada da doença da podridão do caule *Sclerotium Rolfsii* do amendoim (*Arachis hypogaea* L.) usando Rhizobium e *Trichoderma Harzianum* (Itcc - 4572).*Turkey Journal of Agriculture* 31:103-108.

Ganesan S, 2012. *Pseudomonas* fluorescentes como rizobactérias promotoras do crescimento de plantas e agentes de biocontrolo na cultura do amendoim (*Arachis hypogaea* L.). *International Journal of Applied Bio Research* 12:1-6.1.

Gaur R B, Sharma R N, Sharma R R e Vinod Singh Gautam, 2005. Eficácia de *Trichoderma* para o controlo da podridão radicular de *Rhizoctonia* no grão-de-bico. *Journal of Mycology and Plant Pathology* 35: 144-150.

Gayathri K T, S Thahir Basha e Eswara Reddy N P, 2010. Gestão integrada da podridão do caule (*Sclerotium rolfsii*) do amendoim com endófito de sementes compatível com fungicidas. *Bionature* 30: 57-65.

Gehlot P, Purohit KK, Gehlot HS, 2005. Avaliação de *pseudomonas fluorescenes* como agente de biocontrolo e biofertilizante associado à rizosfera da malagueta. *Biofertilizer News Letter* 13:1217.

Geleta T, Sakhuja P K, Swart W J, Tana T, 2007.Integrated management of groundnut root rot using seed quality and fungicide seedtreatment *.International Journal of Pest Management* 53: 53-57.

Girija Ganeshan, 1997. Controlo fungicida da podridão basal de Sclerotium do feijão de cacho cv. Pusa Naubahar.*Indian Phytopathology* 50: 508512.

Gogoi N K, Phookan A K e Narzary B D, 2002. Management of collar rot of elephant's foot yam (Gestão da podridão do colarinho do inhame pata-de-elefante). *Indian Phytopathology* 55: 238240.

Gomez K A e Gomez A A, 1984. Statistical procedures for agricultural research (segunda edição). John Wiley and Sons, Nova Iorque.

Govarthanan M, Guruchandar A, Arunapriya S, Selvankumar T e Selvam K, 2011.Genetic variability among Coleus sp. studied by RAPD banding pattern analysis.*International Journal for Biotechnology and Molecular Biology Research* 2: 202-208.

Gupta S K e Ashu Sharma, 2004. Symptomology and management of crown rot *(Sclerotium rolfsii)* of french bean. *Journal of Mycology and Plant Pathology* 34: 820-823.

Gupta S, Kalha C S, Vaid A e Rizvi S E H, 2005. Gestão integrada da antracnose do feijão francês causada por *Colletotrichum lindemuthianum*. *Journal of Mycology and Plant Pathology* 35: 432-435.

Gupta V K, Ashok Kumar Misra, Arti Gupta Brajesh, Kumar Pandey, Rajarshi Kumar Gaur, 2010. Rapd-Pcr de isolados de *trichoderma* e antagonismo in vitro contra *fusarium* wilt pathogens of *psidium guajava* .*Journal of plant protection research* 50: 256262.

Gururaj Sunkad, 2012. Tebuconazol: uma nova molécula fungicida de triazol para a gestão da podridão do caule do amendoim causada por *Sclerotium rolfsii. Bioscan* 7: 601-603.

Hafiz farhad ali, Muhammad junaid, Musharaf ahmad, Ayesha bibi, Asad ali, Shaukat hussain, Shah alamand Jawad ahmad shah, 2013. Diversidade molecular e patogénica identificada entre isolados de *erwinia carotovora* subespécie *atroseptica* associados à perna preta e à podridão mole da batata. *Pakistan Journal of Botany* 45: 1073-1078.

Hallmann J, Quadt-Hallmann A, Mahaffee W FKlopper J W, 1997. Bacterial endophytes in agricultural crops. *Canadian Journal of Microbiology* 43:895-914.

Hari V S, Chiranjeevi C V, Sarkar K e Subramanyam K, 1989. Atividade fungicida do Toloclofos metilo em plantas de amendoim e no solo sobre *Sclerotium rolfsii.Peanut Science* 58: 1153 - 1155.

Hari Narayana A B, 1999. Uma abordagem integrada da gestão da doença da murchidão de Sclerotium no pimentão causada por *Sclerotium rolfssi* (Sacc.) M.Sc., (Ag.). Tese apresentada à Acharya N.G. Ranga Agricultural University, Hyderabad, Andhra Pradesh.

Haque M E, Ghosh K K, Parvin S F, Akhter e Rahim M M, 2009. Análise da diversidade genética em variedades *de brássicas* através de marcadores rapd. Bangladesh Journal of Agricultural Research 34: 493503.

Harinath Naidu, 2000. Crossandra - um novo registo de hospedeiro para *Sclerotium rolfsii.Indian Phytopathology* 53: 496-497.

Harsukh Gajera, Kalu Rakholiya, Dinesh Vakharia, 2011. Bioeficácia de isolados de *Trichoderma* contra *Aspergillus niger* van tieghem incitando a podridão do colo no amendoim (*Arachis hypogaea* l.). *Jornal de investigação sobre proteção de plantas* 51:240-247.

Hemalatha T M, Eswara Reddy N P, Ramakrishna Rao S V e Chenchu Reddy B, 2006. Gestão integrada da podridão radicular da beterraba sacarina tropical (*Beeta vulgaris* L) provocada por *Sclerotium rolfsii* (Sacc.). Organis crop protection technologies for promoting export Agri-Horticulture 109-112 pp.

Hemalatha T M, Eswara Reddy N P e Bhaskara Reddy B V, 2009. Gestão da podridão radicular da beterraba sacarina tropical (*Beeta vulgaris* L.) provocada por *Sclerotium rolfsii* (Sacc.). *Geobios* 36: 179183.

Henis Y, Ghaffar A e Baker R, 1978. Controlo integrado do encharcamento do rabanete por *Rhizoctonia solani*: Efeito de plantações sucessivas, PCNB e *Trichoderma harzianum* no agente patogénico e na doença. *Fitopatologia* 68:900-907.

Ingale R V e Mayee C D, 1986. Eficácia e economia de algumas práticas de gestão de doenças fúngicas do amendoim. *Journal of Oilseeds Research* 3: 201-204.

Jacob S, Sajjalaguddam, R R Kumar, K Vijaya Krishna kumar, Rajeev varshney, Hari kishan sudini 2016. Avaliação das perspectivas de *Streptomyces* sp. RP1A-12 na gestão da doença da podridão do caule do amendoim causada por *Sclerotium rolfsii* Sacc. *Jornal de Patologia Vegetal Geral* 82, 96-104.

Jeyaseelan Christy E, Tharmila S e Niranjan K, 2012. Atividade antagonista de *Trichoderma* spp. e *Bacillus* spp. contra *Pythium aphanidermatum* isolado do amortecimento do tomateiro. *Archives of Applied Science Research* 4:1623-1627.

Jin-Hyeuk Kwon, 2010. Podridão do caule do alho (*Allium sativum*) causada por *Sclerotium rolfsii*. *Mycobiology* 38: 156-158.

Johnson L F e Curl E A, 1977. Methods for research on the ecology of soil borne plant pathogens. Burgess Publishing Company. Minneapolis. 27-35.

Johnson M e Subramanyam K, 2000. Eficiência *in vitro* de fungicidas contra o agente patogénico da podridão do caule do amendoim. *Annals of Plant Protection Sciences* 8: 255-257.

Johnson M e Reddy P N, Reddy D R, 2008. Eficácia comparativa da micoflora da rizosfera, fungicidas, insecticidas e herbicidas contra a podridão do caule do amendoim causada por *Sclerotium rolfsii*. *Anais das Ciências da Proteção das Plantas16* : 414-418.

Jorjandi M e Baghizadeh A, 2014. Diversidade molecular de *Streptomyces spp.* antagônicos contra *Botrytis allii*, o agente do mofo cinzento da cebola usando marcadores de DNA polimórfico amplificado aleatório (RAPD). *Journal of Stress Physiology & Biochemistry* 10: 273-280.

Julian R, Marchesi Takuchi sato, Andrew J, Weightman Tracey A, Martin John C ,Fry Sarah J, Hiom e William G, Wade, 1998. Conceção e avaliação de iniciadores PCR específicos para bactérias úteis que amplificam genes que codificam o rRNA bacteriano.*Applied and Environmental Microbiology64* :795-799.

Kajal Kumar B e Chitreswarsen, 2000. Gestão da podridão do caule do amendoim causado por *Sclerotium rolfsii* através de *Trichoderma harzianum*. *Indian Phytopathology* 53: 290-295.

Kamil Z, Rizk M, Saleh M e Moustafa S, 2007.Isolamento e identificação de bactérias quitinolíticas do solo da rizosfera e seu potencial no biocontrolo antifúngico.*Global Journal of Molecular Sciences* 2: 57-66.

Kamlesh Mathur e Sharma S N, 2002.Bulb rot of onion induced by

Sclerotium rolfsii.A new threat to onion cultivation in Rajasthan.*Journal of Mycology and Plant Pathology* 32 :132.

Kammanna B C, Nirmala K, Hanumantha B T, Govindarajan T S e Kannan N, 1992. Podridão mole do café causada por *Sclerotium rolfsii* e avaliação *in vitro* de fungicidas contra o fungo. *Journal of Coffee Research* 22: 1-9.

Karthikeyan V, Sankaralingam A e Nakkeeran S, 2006. Controlo biológico da podridão do caule do amendoim causada por *Sclerotium rolfsii* (Sacc.). *Archives of Phytopathology and Plant Protection39*: 239-246.

Khokhar e Gupta, 2014. Gestão integrada de doenças. *Popular Kheti* 2:87-91.

Kishore G K, Pande S e Podile A R, 2005. As bactérias do filoplano aumentam a emergência de plântulas, o crescimento e o rendimento do amendoim (*Arachis hypogaea L*) cultivado no campo. *Cartas em Microbiologia Aplicada* 40: 260-268.

Kishore G K, Pande S e Podile A R, 2005. Biological control of collar rot disease with broad-spectrum antifungal bacteria with groundnut. *Canadian Journal of Microbiology* 51: 123-132.

Krishnasatya A, Padmaja M, Narendra K, 2013. Antagonismo *in vitro* de isolados nativos de *Tricoderma spp* contra *Sclerotium rolfsii.International Journal of Research in Pharmaceutical and Biomedical Sciences*.4 :886-891.

Kulkarni S, Chattannavar S N e Hegde R K, 1986. Avaliação laboratorial de fungicidas contra o apodrecimento do pé do trigo causado por *Sclerotium rolfsii* (Sacc). Pesticidas9:27-31.

Kulkarni S, Kulkarni V R, Gorawar M M e Hedge Y R, 2008. Avaliação do impacto da tecnologia IDM desenvolvida para a murcha de esclerócio da batata no Norte de Karnataka. Boletim Tecnológico 6. Departamento de Fitopatologia, Faculdade de Agricultura, Universidade de Ciências Agrícolas, Dharward, Karnataka, Índia.

Kushwaha M, Verma AK, 2014. Atividade antagonista de *Trichoderma spp,* (um agente de biocontrolo) contra agentes patogénicos isolados e identificados de plantas. 1:1-6.

Lakshmidevi N e Ajith P S, 2010. Efeito de compostos voláteis e não voláteis de *Trichoderma spp.* contra *Colletotrichum capsici* incitante de antracnose em pimentões. *Natureza e Ciência* 8: 265-269.

Lane DJ (1991).Sequenciação do rRNA 16S/23S. In: Stackebrandt *et al.*, (eds) Nucleic acid techniques in bacterial systematic.*John Wiley and Sons*, New York, pp. 115-175.

Larkin R P e Fravel DR, 1998. Eficácia de vários organismos de biocontrolo fúngicos e bacterianos no controlo da murcha de Fusarium do tomateiro. *Plant Disease* 82: 1002 - 1028.

Liu J, Ovakim D H, Charles T C e Glick B R, 2000. Um mutante Acc deaminase minus de enterobacter cloacae UW 4 já não promove o alongamento das raízes. *Current Microbiology* 41: 101-105.

Lourenco A, Durigon E L, Zanotto P, Cruz Madeira J E, 2007. Diversidade genética de linhagens ambientais de *Aspergillus flavus* no estado de São Paulo, Brasil, por meio de DNA polimórfico amplificado ao acaso. *Memorias do Instituto Oswaldo Cruz.* 102: 687-692.

Lynch J M e Whipps J M, 1991. Fluxo de substrato na rizosfera. The rhizosphere and plant growth 15-24 p..

Maiti S e Sen C, 1982. Incidência de três doenças principais da videira de betel (*Piper betle L.*) em relação ao clima. *Indian Phytopathology* 14:34-35.

Manjunatha H e Naik M K, 2013. Caracterização biológica e molecular de isolados de *pseudomonas fluorescentes* do solo da rizosfera de culturas. Jornal Indiano de Investigação Científica e Tecnologia 1:18-22.

Manivannan M, Ganesh P, Suresh Kumar R, Tharmaraj K e Shiney Ramya B, 2012. Isolamento, Triagem, Caracterização e Ensaio de Antagonismo de Isolados PGPR da Rizosfera de Plantas de Arroz no Distrito de Cuddalore *.InternationalJournal of Arquivos Farmacêuticos e Biológicos3* :179-185

Manoranjitham S K, Prakasam V e Rajappan K, 1999. Efeito de antagonistas em Pythium aphanidermatum (Edson) Fitz e no crescimento de plântulas de malagueta.*Journal of Biological Control* 13: 101106.

Manoranjitam S K, Prakasham V, Rajappan K e Amutha G, 2000.Effect of two antagonists on damping off disease of tomato.*Indian Phytopathology* 53: 441-443.

Manu T G, Nagaraja A, Chetan S, Janawad e Vinayaka Hosamani, 2012. Eficácia de fungicidas e agentes de biocontrolo contra *Sclerotium rolfsii*, causador da podridão do pé do painço, em condições *in vitro. Global Journal of Biology, Agriculture & Health Sciences* 1: 46-50.

Marta Pujol, Esther Badosa, Jordia Cabrefiga e Emilio Montesinos, 2005. Desenvolvimento de um método quantitativo específico para monitorizar *Pseudomonas fluorescens* EPS62e, um novo agente de biocontrolo do míldio do fogo. *FEMS Microbiology Letters.*249 : 343-352.

Martin J P, 1950. Utilização de rosa de Bengala ácido e estreptomicina na placa. Method of estimating soil fungi 69:215-233.

Masoomeh Gholami, Reza Khakvar & Gholamreza Niknam,2014. Introdução de algumas novas bactérias endofíticas dos géneros Bacillus e Streptomyces como agentes de biocontrolo bem sucedidos contra *Sclerotium rolfsii.Archives of Phytopathology and Plant Protection* 47: 122-130.

Mathews Anu A, S Thahir B, Eswara Reddy N P, 2010. Caracterização molecular de *Trichoderma* spp contra *Colletotrichum Gloeosporioides* Penz. com RAPD e ITS - PCR. *Bioscan* 5 : 01-05.

Mathivanan S, Chidambaram A L A, Sundramoorthy P, Baskaran L e Kalaikandhan R, 2014. Efeito de inoculações combinadas de rizobactérias promotoras de crescimento de plantas (PGPR) no crescimento e rendimento do amendoim (*Arachis hypogaea* L.). *Jornal Internacional de Microbiologia Atual Ciências Aplicadas* 3: 1010-1020.

Mayee C D e Datur V V, 1998.Diseases of groundnut in the tropics.*Review of Tropical Plant Pathology* 5:85-118.

Meena, B.; T. Marimuthu; P. Vidhyasekaran e R. Velazhahan 2001. Controlo biológico das podridões radiculares do amendoim com estirpes antagonistas de *Pseudomonas fluorescens*. Z. Pflanzenkr. Pflanzensch., C.F. CAB Abstracts 2003. 108: 369-381.

Megha Y J, Alagawad A R e Krishnaraj P U, 2007. Diversidade de pseudónadas fluorescentes isoladas dos solos florestais dos Ghats ocidentais de Uttara Kannada. *Current Science* 93: 14331437.

Mehan V K e Mc Donald D, 1990. Algumas doenças importantes do amendoim, fontes de resistência e a sua utilização no melhoramento das culturas. *Documento apresentado no curso de formação nacional sobre produção de leguminosas*, 9-17 de julho de 1990, Sri Lanka.

Mehan V K, Mayee C D, Brenneman T B e Mc Donald D, 1995. stem rot and pod rots of groundnut. Boletim informativo nº 44 do Instituto Internacional de Investigação Agrícola para os Trópicos Semi-Áridos, Patancheru, Andhra Pradesh. 28 Pp.

Mehan V K, Mayee C D, Mcdonald D, Ramakrishna N e Jayanthi S, 1995. Resistência do amendoim às podridões do caule e da vagem causadas por *Sclerotium rolfsii. International Journal of Pest Management* 41: 79-82.

Misbah S, Hassan Yusof M Y, Hanifah Y A, AbuBakar S, 2005.Identificação genómica de espécies de Acinetobacter de isolados clínicos por sequenciação do 16S rDNA.*Singapore Medical Journal* 46: 461.

Mishra D S, Kumar A, Prajapati C R, Singh A K, Sharma S D, 2013. Identificação de isolados bacterianos e fúngicos compatíveis e sua eficácia contra doenças de plantas.*Journal of Environmental Biology* 34: 183-189.

Mohanan C, 2007.Biological control of seedling diseases in forest nurseries in Kerala.*Journal of Biological Control* 21: 189-195.

Mohan L, Paranidharan V e Prema S, 2000. Nova doença da figueira-da-índia (*Ficus auriculata*) na Índia. *Indian Phytopathology* 53: 496.

Mohammad Nuray Alam Siddique, Abu Noman Faruq Ahmmed, Md Golam Hasan Mazumder , M. O. Khaiyam e Md. Rafiqul Islam 2016. Avaliação de alguns fungicidas e bio-agentes contra *Sclerotium rolfsii* e a doença da podridão do pé e da raiz da berinjela (*Solanum melongena L.*) *Os Agricultores Um Jornal Científico da Fundação Krishi* 14 (1): 92-97.

Morton D J e Stroube W H, 1995. Antagonistic and stimulatory effects of soil microorganisms upon *Sclerotium rolfsii.Phytopahtology* 45: 417-420

Muthamilan M e Jayarajan R, 1992.Effect of antagonistic fungi on *Sclerotium rolfsii* causing root rot of groundnut.*Journal of Biological control* 6:88-92.

Muthamilan M e Jayarajan R, 1996. Gestão integrada da podridão radicular de *Sclerotium* do amendoim com *Trichoderma harzianum, Rhizobium* e Carbendazim. *Indian Journal of Mycology and Plant Pathology* 26: 204-209.

Muthukumar A e Bhaskaran R, 2007. Eficácia dos metabolitos antimicrobianos de *Pseudomonas fluorescensmigula* contra *Rhizoctonia solani* kuhn e *Pythium* sp. *Journal of Biological Control* 21: 105-110.

Nagendra Prasad B e Reddi Kumar M, 2011. Efeito de compostos não voláteis produzidos por *Trichoderma* Spp. no crescimento e na viabilidade esclerótica de *Rhizoctonia Solani*, incitante do míldio da bainha do arroz. *Indian Journal of Fundamental and Applied Life Sciences* 1: 37-42.

Narendra Kumar Dagla M C, Ajay B C, Jadon K S, Thirumalaisamy P P, 2013. Podridão do caule de Sclerotium: Uma ameaça à produção de amendoim. *Popular Kheti1*: 26-30.

Narain A e Mishra S K, 1979. Características de um isolado de *Sclerotium rolfsii* em ragi. *Indian Journal of Mycology and Plant pathology* 9: 1-14.

Narain e Kar A K, 1990. Murchidão do amendoim causada por *Sclerotium rolfsii*, Fusarium sp. e Aspergillus niger. *Crop Research* 3: 257-262.

Narasimha Rao S, Anahosur K H e Naik K S, 2001. Efeito de filtrados de cultura de antagonistas sobre o crescimento de *Sclerotium rolfsii* (Sacc.). *Indian journal of Plant Protection* 29:127-130.

Narasimha Rao S, Anahosur K H e Srikanth Kulkarni, 2004. Abordagens ecológicas para a gestão da murchidão da batata (*Sclerotium rolfsii*). *Journal of Mycology and Plant pathology* 34:327-329.

Narayana Bhat M e Srivastava L S, 2003. Avaliação de alguns fungicidas e formulações de neem contra seis agentes patogénicos do solo e três Trichoderma spp. *in vitro Plant Disease Research* 18: 56-59

Naseema Beevi S, Ancy Salim M, Priya Mohan, Deepti S e Naseema A, 2005. Compatabilidade de *Trichoderma harzianum Rifai* com botânicos e pesticidas sintéticos. *Geobios* 32: 80-82.

Nasier Ahmad, Sarojini Johri, Malik Z, Abdin Ghulam N Qazi, 2009. Caracterização molecular da população bacteriana no solo florestal de Caxemira, Índia. World Journal of Microbiology & Biotechnology 25:107-113.

Natedara Chanutsa, NutchanatPhonkerd e Wandee Bunyatratchata, 2014. Potencial de *Pseudomonas Aeruginosa* para controlar *Sclerotium Rolfsii* que causa a podridão do caule e a doença da podridão do colo do tomateiro. Jornal de Tecnologias Agrícolas Avançadas 1:132-135.

Nawar Lubna S, 2013. Eficácia *in vitro* de alguns fungicidas, bioagentes e filtrados de cultura de fungos saprófitas seleccionados contra *Sclerotium rolfsii*. *Jornal de Ciências da Vida* 10: 2222-2228.

Neamat J, Judy A L e Raffal Essmaeil, Majeed, 2013.Caracterização morfológica, bioquímica e molecular de dez isolados de bactérias rizobiais.*Iraqi Journal of Science* 54: 280-28.

Nene Y L e Thapliyal P N, 1993. Fungicides in plant disease control (3rd Ed.) Oxford and IBH publishing company, New Delhi.

Nguyen Thi Lang e Pham Thi, Cam Hang, 2007: Análise de divergência genética em amendoim por Rapds. *Omonrice* 15: 174-178.

Nishant prakash e Smita puri, 2012. Eficácia da combinação de fungicidas sistémicos e não sistémicos contra a podridão do caule do arroz. *The Bio scan* 7 : 291-294.

Padmodaya B e Reddy H R, 1998. Rastreio de antagonistas contra *Fusarium oxysporum* f.sp.*Lycopersici* que causa a doença das plântulas e a murchidão do tomateiro. *Journal of Mycology and Plant Pathology* 28:339-341.

Palaiah P e Adiver S S, 2006. Variabilidade morfológica e cultural em *Sclerotium rolfsii* (Sacc.) Karnataka Journal of Agricultural Sciences 19 : 146-148.

Papavizas G C e R D Lumsden, 1980.Biological control of soilborne fungal propagules.*Annal Review of Phytopathology* 18 : 389-413.

Papavizas G C, 1985.*Trichoderma* e *Gliocladium:* Biology, Ecology and potential for biocontrol. *Revisão Anual de Fitopatologia* 23: 23-54.

Patibanda A K, Upadhyay J P e Mukhopadhyay A N, 2002. Eficácia de *Trichoderma harzianum* Rifai sozinho ou em combinação com fungicidas contra a murcha de *Sclerotium* do amendoim. *Journal of Biological Control* 16:57-63.

Patil R P, Jagadessh K S e Kulkarni J H, 1998. Isolamento de pseudonónadas fluorescentes associadas a raízes de diferentes plantas e seu antagonismo *in vitro* contra o patogénio da podridão do colo do amendoim *Sclerotiun rolfsii* (Sacc.) *Karnataka Journal of Agricultural Sciences* 11: 45-49.

Perveen Kahkashan e Bokhari Najat A, 2012. Ação antagonista de *Trichoderma harzianum* e *Trichoderma viride* contra *Fusarium solani* causador da podridão radicular do tomate. *African Journal of Microbiology Research* 6: 7193-7197.

Pham Quang Hung e Annapurna K, 2004.Isolamento e caraterização de bactérias endofíticas em soja (*Glycine sp.*)*Omonrice* 12: 92-101.

Poddar R K, Singh D V e Dubey S C, 2004. Gestão da murchidão do grão-de-bico através da combinação de fungicidas e bioagentes. *Indian Phytopathology* 57: 39-43.

Podile A R e Dube H C, 1988.Fluorescent pseudomonads and *Bacillus subtilis* as plant growth promoting *rhizobacteria*. In: *Conferência internacional sobre investigação* em ciência das plantas e sua relevância para o futuro. 7-11 de março de 1988, Delhi (Resumo). 80p.

Prabavathy V, Mathivanan N, Sagadevan E, Murugesan K, Lalithakumari D, 2006. A auto-fusão de protoplastos aumenta a produção de quitinase e a atividade de biocontrolo em *Trichoderma harzianum. Bio resource Technology* 97:2330-2334.

Prabhakaran N, Nair D, e Sarvana kumar M, 2009. Análise RAPD de *Trichoderma viride* e o seu efeito antagónico com *pseudomonas fluorescenes.Advanced biotech* 9:24-27.

Prasad R D, Rangeshwaran R e Sree Ramakumar, 1999. Biological control of root and collar rot of sunflower (Controlo biológico da podridão radicular e do colo do girassol). *Journal of Mycology and Plant Pathology* 29: 184-187.

Pranab Dutta e Das B C, 1999. Efeito da peletização de sementes e da aplicação no solo de *Trichoderma harzianum* na gestão do apodrecimento do caule da soja. *Journal of Mycology and Plant Pathology* 29: 317322.

Pranab Dutta e Das B C, 2002. Gestão da podridão do colo do tomateiro por *Trichoderma* spp. e produtos químicos. *IndianPhytopathology* 55:235-237.

Prasad M P, 2014. Determinação da diversidade genética de espécies de rhizobium isoladas de nódulos radiculares e impressão digital de ADN por RAPD. *Jornal Internacional de Biotecnologia Avançada e Investigação* 5:101-105.

Prasanna Reddy B, Jansi rani Reddy M S e Vijay Krishna Kumar K, 2010. Potencial antagonista *invitro* de isolados de *pseudomonas fluorescens* e dos seus metabolitos contra o agente patogénico do míldio da bainha do arroz, rhizoctonia *solani. International Journal of Applied Biology and Pharmaceutical Technology* 1: 666- 669.

Pratibha Sharma, Mahesh Kumar, Saini Swati Deep e Vignesh Kumar, 2012. Controlo biológico da podridão radicular do amendoim no campo do agricultor. *Jornal de Ciências Agrícolas* 4:48-59.

Pushpavati B e Chandrasekhara Rao, 1999. Biological control of *sclerotium rolfsii*, the incitant of groundnut stem rot. *Indian Journal of Plant Protection* 26: 149-154.

Radhaiah A, Thahir basha S, Nagalakshmi devamma M e Eswara reddy NP, 2012. Potencial de biocontrolo de *pseudomonas* spp. indígenas contra *sclerotium rolfsii* que causa o apodrecimento do caule do amendoim. *International Journal of Food, Agriculture and Veterinary Sciences.*2:134 - 141.

Radhaiah A, 2013.Caracterização molecular de agentes de biocontrolo utilizando RAPD e análise de 16s rRNA contra *Aspergillus Niger* que causa a podridão do colarinho do amendoim.*Discovery Biotechnology* 4:18-21.

Rajani T, 2004. Gestão Integrada de *Sclerotium Rolfsii* Sacc. o incitante da podridão do caule do amendoim. Tese de Mestrado (Ag) apresentada à Acharya N G Ranga Agricultural University, Hyderabad.

Rajani T, Eswara Reddy N P e Hariprasad Reddy K, 2006. Efeito de emendas orgânicas e de *Trichoderma viride* na densidade populacional de *Sclerotium rolfsii* (Sacc.) incidente no apodrecimento do caule do amendoim.*Geobios* 33: 45-48.

Rajasundari K, Ilamurugu K e Logeshwaran P, 2009.Genetic diversity in rhizobial isolates determined by RAPDs.*African Journal of Biotechnology* 8: 2677-2681.

Rajeevpant e Mukhopadhyay A N, 2001.Integrated Management of seed and seedling rot complex of soybean.*Indian Phytopathology* 54: 346-350.

Rajendra B, Kakde e Ashok M, Chavan, 2011. Caracterização molecular de isolados de Fusarium spp. utilizando a técnica RAPD. *Jornal de Ecobiotecnologia* 11: 01-04.

Rajyalakshmi, 2002.Estudos sobre a variabilidade entre os isolados de *Sclerotium rolfsii* Sacc. M.Sc.(Ag.). Tese apresentada à Acharya N.G.Ranga Agricultural University, Hyderabad (A.P.).

Rakh R R, 2011. Controlo biológico de *Sclerotium rolfsii*, causador da podridão do caule do amendoim, por *Pseudomonas cf. monteilii 9. Investigação recente em ciência e tecnologia* 3: 26-34.

Rakholiya KB, 2010. Efeito do tratamento de sementes com agentes de biocontrolo e produtos químicos para a gestão da podridão do caule e do vaso do amendoim. *Revista Internacional de Proteção das Plantas3* :276-278.

Ramarao P e Usharaja, 1980.Effect of soil moisture on development of foot and root of wheat and on other soil microflora.*Indian Journal of Mycology and Plant pathology* 10: 17-22.

Ramesh Kumar N, Thirumalai Arasu V e Gunasekharan P, 2002. Genotipagem de compostos antifúngicos que produzem rizobactérias promotoras do crescimento de plantas, *Pseudomonas Ciência atual* 82: 1463-1466.

Rangaswami G e Mahadevan A, 1999. Diseases of crop plants in India.(4th edition) Prentice Hall of India Pvt. Ltd. Nova Deli, 6079 pp.

Rangeshwaran R e Prasad R D, 2000. Biological control of sclerotium rot of sunflower. *Indian Phytopathology* 53: 444-449.

RangeshwaranR   , Raj J eSreerama   KumarP , Identificação de bactérias endofíticas em grão-de-bico (*Cicer arietinum* L.) e o seu efeito no crescimento das plantas.*Journal of Biological Control.*22 : 13-23.

Rao Ch V S, Sachan I P, Johri B N, 1999. Influência de pseudomonas fluorescentes no crescimento e nodulação da lentilha (*Lens esculentus*) em solo infestado de *Fusarium*. Indian Journal of Microbiology 39: 23-29.

Raoof M A, Rama Bhadra Raju e Mehtab Yasmeen 2006. Potencial de biocontrolo e prazo de validade de *Trichoderma viride* para a gestão da murchidão da mamona. *Indian Journal of Plant Protection* 34: 75-80.

Rather Tariq R, Razdan V K, Tewari A K, Shanaz Efath, Bhat Z A, Hassan Mir G & Wani T A, 2012. Gestão integrada da doença do complexo da murchidão no pimentão (*Capsicum annuum* L.). *Journal of Agricultural Science* 4:141-147.

Ratnakumari Rahel Y, Nagamani A, Bhramaramba S, Kumar R Sunil Kumar, Uday Chandra, Shaik Mahmood, 2011. Metabolitos não voláteis e voláteis de Trichoderma antagonista contra o patógeno da podridão do colarinho de *Mentha Arvensis.Advances in Natural & Applied Sciences* 5 - 55.

Ravi charan A, Pratap Reddy V, Narayana Reddy P, Sokka Reddy S, Sivarama Krishnan S, 2011. Avaliação da diversidade genética em *Pseudomanas fluorescensusing* PCR- Based methods.*Global science books*

5: 10-16.

Ravindra Raosaheb Rakh e Sanjay Marotrao Dalvi, 2016. Antagonismo de *Bacillus thuringiensis* NCIM2130 contra *Sclerotium rolfsii Sacc.*, um agente patogénico da podridão do caule do amendoim. *Revista Internacional de Microbiologia Atual e Ciências Aplicadas.* 5(8): 501-513

Ray S K e Mukerjee N, 1997. Estudos sobre o antagonismo in vitro de alguns isolados bacterianos contra *Sclerotium rolfsii* Sacco, que causa a podridão radicular do amendoim e da beterraba sacarina. *Journal of Mycopathological Research* 35: 99-105.

Ray S K, Nilangshu Mukherjee e Mukherjee N, 2002. Supressão de *Sclerotium rolfsii* causador da podridão do pé do amendoim por Bacillus sp. *Journal of Mycopathological research* 40: 89 - 92.

Reddi Kumar M, Madhavi Santhoshi M V, Giridhara Krishna T, Raja Reddy K, 2014. Variabilidade cultural e morfológica *Sclerotium rolfsii* isola infectando amendoim e sua reação a alguns fungicidas. *Revista Internacional de Microbiologia Atual e Ciências Aplicadas* 3: 553-561.

Rekha D, 2008. Rastreio *in vitro* de isolados de *Trichoderma* nativos contra *Sclerotium rolfsii* que causa a podridão do colo do amendoim. *Revista Internacional de Ciência e Natureza* 3: 117-120.

Rekha D, 2012. Rastreio *in vitro* de isolados de Trichoderma nativos Contra *Sclerotium Rolfsii* que causa a podridão do colo do amendoim *Jornal Internacional de Ciência e Natureza* 3: 117-120.

Rolfs P H, 1892.Tomato blight. Algumas dicas. Boletim da Estação Experimental Agrícola da Flórida, 18 p.

Saccardo P A, 1911. Notae Mycologicae, *Annals Mycologici* 9: 249-257.

Sahu K C, Narain A e Swain N C, 1990. Survival of *Sclerotium rolfsii* Sacco pathogenic to groundnut plant in Orissa at different soil depth.*Environment and Ecology* 7: 1031-1032.

Sai L V, Anuradha P, Vijayalakhsmi K, Reddy N P E, 2010.Bio-controlo da podridão do caule do amendoim provocada por *Sclerotium rolfsii* e compatibilidade *in vitro* de potenciais antagonistas nativos com fungicidas.*Journal of pure and Applied Microbiology* 4:565-570.

Saralamma, 2000. Estudos sobre o controlo biológico de *Sclerotium rolfsii* (Sacc.), responsável pela podridão radicular do amendoim. M.Sc.(Ag.), Tese apresentada à Acharya N.G. Ranga Agricultural University, Hyderabad, Andhra Pradesh.

Saralamma S e Vithal Reddy T, 2003. Gestão integrada da podridão radicular dos esclerócios no amendoim. Seminário nacional sobre a gestão do stress nas sementes oleaginosas para alcançar a autossuficiência em óleo vegetal, Sociedade Indiana de Investigação de Sementes Oleaginosas, Direção de Investigação de Sementes Oleaginosas, Hyderabad, de 28 a 30 de janeiro, 20 a 21 pp.

Saralamma S e Vittal Reddy T, 2004. Eficácia *in vitro* de fungicidas no crescimento radial de *Trichoderma harzianum* Rifai. *The Andhra Agricultural Journal* 51: 141-143.

Santha Laksmi, Prasad Sujatha M, Naresh K & Chander Rao S, 2012. Variablity in *Sclerotium rolfsii*, associated with collar rot of sunflower.*Indian Phytopathology* 65: 161-165.

Samuel Tegene, Fikadu Taddesse, Fuad Abduselam e Zeleke, 2013. Efeito do composto de Parthenium na incidência e gravidade da podridão radicular do amendoim causada por *Sclerotium rolfsii* em Hararghe Oriental. 1: 7-14.

Satish C, Singh A K, Baiswar P, 2007. Eficácia da pulverização única de fungicidas na mancha foliar precoce (*Cercospora arachidicola*) do amendoim (*Arachis hypogaea*). *Indian Journal of Agricultural Science* 77:201-202.

Sawant I e Mukhopadhyay A N, 1990. Integração de metalaxil com *Trichoderma harzianum* para o controlo do *Pythium* damping off na beterraba sacarina. *Phytopathology* 43:535-541.

Sayyed RZ, Gangurde NS, Patel PR, Joshi SA e Chincholkar SB, 2010. Produção de sideróforos por *Alcaligenes faecalis* e sua aplicação na promoção do crescimento em *Arachis hypogaea*. Revista Indiana de Biotecnologia.9:302-307.

Seema M e Devaki NS, 2012. Avaliação *in vitro* de agentes de controlo biológico contra *Rhizoctonia solani*. *Journal of Agricultural Technology* 8: 233-240.

Shivani Bhatia, Dubey R C e Maheswari D K, 2005. Melhoria do crescimento das plantas e supressão da podridão do colo do girassol causada por *Sclerotium rolfsii* através de *pseudomonas fluorescentes*. *Indian Phytopathogy* 58: 17-24.

Shridha C, Amit kumar C, Shubha C e Sushmita C, 2013. Estudos patológicos de *Sclerotium rolfsii* causando a doença da podridão do pé de Brinjal *(Solanum melongena Linn.)*. *Revista internacional de farmácia e ciências da vida* 5:3257-3264.

Singh A, Mehta S, Singh H B, Nautiyal C S, 2003. Biocontrolo da doença da podridão do colarinho da betelvina (*Piper beetle* L.) causada por *Sclerotium rolfsii* utilizando *Pseudomonas fluorescens* NBRI-N6, compatível com a rizosfera. *Current Microbiology47* :153-158.

Sitansu pan e Subhendu jash, 2010. Variabilidade no potencial de biocontrolo e interação microbiana de *Trichoderma* spp. com bactérias antagonistas que habitam o solo, *Pseudomonas fluorescens*. *Indian Phytopathology* 63: 158-164.

Singh B e Mathur S C, 1953. Doença da podridão radicular esclerocial do amendoim em Uttar Pradesh. *Current Science* 22: 214 - 215.

Singh Kishan, Srivastava S N e Misra S R, 1982.Management of sugarbeet seedling disease caused by *Rhizoctonia solani* and *Sclerotium rolfsii.Indian Phytopathology* 35: 639-641.

Singh R K e Dwivedi R S, 1987. Estudos sobre o controlo biológico de *Sclerotium rolfsii* Sacc que provoca o apodrecimento do pé da cevada. *Ata Botanica Indica* 15:160-164.

Singh R K, and Dwivedi R S, 1988.Laboratory evaluation of some pesticides against *Sclerotium rolfsii* (Sacc.), a foot rot pathogen of barley (*Hordeum vulgare L.*).*Pesticides* 22:20-23.

Singh B K e Upadhyay RS, 2009. Gestão do míldio meridional do caule da soja por mutantes resistentes ao PCNB de *Trichoderma harzianum* 4572 incitados por *Sclerotium rolfsii.*

Sonali e Gupta A K, 2004. Gestão não química da praga das plântulas de macieira causada por *S.rolfsii. Journal of Mycology and Plant pathology* 34: 637-641.

Srikanth Das e Raj S K, 1995. Gestão da podridão radicular da beterraba sacarina *(Beeta vulgaris)* causada por *Sclerotium rolfsii* no campo através de fungicidas. *Indian Journal of Agricultural Sciences* 65: 543-546.

Srinivasulu B, Krishna Kumar K V, Aruna K, Krishna Prasadji J e Rao D V R, 2005. Antagonismo *in vitro* de três Trichoderma spp contra *Sclerotium rolfsii* Sacco, um agente patogénico da podridão do colo do inhame-elefante. *Journal of Biological control* 19: 167 -171.

Subramanian K S, 1964. Estudos sobre a doença da podridão radicular esclerocial do amendoim (*Arachis hypogea* L.) por *Sclerotium rolfsii* Sacco. *Madras Agricultural Journal* 51:367-378.

Subramanian C V, 1971. Hyphomycetes Uma descrição das espécies indianas, exceto Cercosporae. ICAR, Nova Deli

Suriyachandraselvan M, 1997. Estudos sobre a podridão do carvão do girassol (*Helianthus annus* L.) causada por *Macrophomina phaseolina* (Tassi.) Goid.M.Sc (Ag.). Tese, apresentada à Universidade de Agricultura de Tamilnadu, Coimbatore 295 pp.

Thangaraj Kuberan, Ragunatha Sharma, Vidhyapallavi Angusamy, Balamurugan Paneerselvam, Nepolean Ramanan, Jayanthi e Robert Premkumar, 2012. Isolamento e potencial de biocontrolo de Trichoderma phylloplane contra *Glomerella cingulata* no chá.*Journal of Agricultural Technology* 8: 1039-1050.

Thilagavathi R, Nakkeeran S, Raguchander T e Samiyappan R, 2013. Variabilidade morfológica e genómica entre populações de *Sclerotium rolfsii. The Bioscan* 8:1425-1430.

Thiribhuvanamala G, Rajeswari E e Sabitha Doraiswamy, 1999. Níveis de inóculo de *Sclerotium rolfsii* na incidência do apodrecimento do caule do tomateiro. *Madras Agricultural Journal* 86: 334.

Tiwari R K S e Ashok Singh, 2004. Eficácia dos fungicidas sobre *Rhizoctonia solani* e *Sclerotium rolfsii* e seu efeito sobre *Trichoderma harzianum* e *Rhizobium leguminosarum.*

Tonelli M L T, Taurian F, Ibanez J, Angelini e A Fabra, 2010.Seleção e caraterização *in vitro* de agentes de biocontrolo com potencial para proteger plantas de amendoim contra agentes patogénicos fúngicos.*Journal of Plant Pathology*92: 73-82.

Tortoe C e Clerk G C, 2012. Isolamento, purificação e características de estirpes de *Sclerotium rolfsii no* Gana. *Jornal de Investigação Global de*

Microbiologia 2: 076 -084.

Tuite J, 1969. Métodos de patologia vegetal: fungos e bactérias. Burgess Publishing Company, Minneapolis.239 pp.

Umasingh e Thapliyal, 1998.Efeito da densidade de inóculo, cultivares hospedeiras e tratamento de sementes na podridão de sementes e plântulas de soja causada por *Sclerotium rolfsii.Indian Phytopathology* 51:244-246.

Upadhyay P e Mukhopadhyay A N, 1986.Biological control of *Sclerotium rolfsii* by *Trichoderma harzianum* of sugarbeet.*Tropical pest management* :215-220.

Upadhyay J P, Patibanda A K e Mukhopadhyay A N, 2002. Eficácia de *Trichoderma harzianum* Rifai.isoladamente (ou) em combinação com fungicidas contra a murcha de Sclerotium do amendoim. *Journal of Biological control* 16: 57-63.

Umamaheswari M P, Muthuswamy M e Alice D, f.Evaluation of antagonists against jasmine wilt caused by *Sclerotium rolfsii* (Sacc.).*Journal of Biological Control* 16: 135-140.

Upadhyay J P ,Lal H C e Roy S, 2004. Effect of fungicides cakes and plant by products on *Trichoderma viride. Journal of Mycology and Plant Pathology* 34:313-315.

Venieraki A, Maria D, Vezyri E, Kefalogianni I, Agryris N, Liara G Pergalis P, Chatzipavalidis I, Katinakis P, 2011. Caracterização de bactérias fixadoras de azoto isoladas de cevada, aveia e trigo cultivadas no campo. *The journal of Microbiology* 49: 525-534.

Vidhyasekaran P e Muthamilan M, 1995. Desenvolvimento de formulações de *Pseudomonas fluorescens* para controlo da murchidão do grão-de-bico. *Plant Disease* 79: 782-786.

Vijayaraghavan R e Abraham K, 2004. Compatibilidade de agentes de biocontrolo com pesticidas e fertilizantes utilizados em jardins de pimenta preta. *Journal of Mycology and Plant Pathology* 34: 506-510.

Vincent J M, 1947. Distorção de hifas de fungos na presença de certos inibidores. *Nature* 159:350.

Wasantha Kumara K L e Rawaf R D, 2004. Infecciosidade cruzada e capacidade de sobrevivência de *Colletotrichum gloeosporioides* isolados da papaia. *Actas das segundas sessões académicas.* 27-32 Pg.

Weller D M, 1988.Biological control of soil borne plant pathogens in the rhizosphere with bacteria.*Annual Review of Phytopathology* 26: 379-407.

Welsh J e McClelland M, 1990. Fingerprinting genomes using PCR with arbitrary primers.*Nucleic Acids Research* 18: 72137218.

West E, 1947. *Sclerotium rolfsii* (Sacc.) e a sua fase perfeita na figueira trepadeira. *Phytopathology* 37: 67-69.

Williams J G K, Kubelic A R ,Linak K J, Rafalski J A e Tinger S V, 1990. Os polimorfismos de ADN amplificados por iniciadores arbitrários são úteis como marcadores genéticos. *Nucleic acid research* 18:6531-6535.

Yella Goud T, 2011. Biofumigação na gestão da podridão do caule e da podridão da vagem do amendoim causada por *Sclerotium rolfsii* M Sc

(Ag.) Tese apresentada à Acharya N G Ranga Agricultural University, Hyderabad.

Yella Goud T, Uma Devi G, Narayan Reddy P, Siva Sankar A, 2013. Estudar o efeito inibitório do pó de sementes de mostarda no crescimento de *Sclerotium rolfsii*. *Anais da Investigação Biológica* 4:4144

Ziedan E H E, 2006. Manipulação de bactérias endofíticas para controlo biológico de doenças do amendoim transmitidas pelo solo. *Journal of Applied science Research* 2: 497-502.

APÊNDICE-1

Meios e reagentes utilizados e sua composição

i. Meio de ágar dextrose de batata (PDA) (Ainsworth, 1961)

Rodelas de batata descascada: 200 g

Dextrose	: 20 g
Ágar	: 20 g
Água destilada	: 1000ml
pH	: 7,0

ii. Meio de Agar Nutriente (NA) (Tuite, 1969)

Peptona	: 5 g
Extrato de carne de bovino	: 3 g
Ágar	: 20 g
Nacl	: 5g
Água destilada	: 1000ml
pH	: 7,0

iii. Caldo de Dextrose de Batata (PDB)

Rodelas de batata descascada: 200 g

Dextrose	: 20 g
Água destilada	: 1000ml
pH	: 7,0

iv. Caldo de nutrientes (NB)

Peptona	: 5 g
Extrato de carne de vaca	: 3 g
Água destilada	: 1000ml
pH	: 7,0

v. Meio de ágar Rosa de Bengala (RBA) (Martin, 1950)

Glucose	: 10 g
Peptona	: 2 g
K_2HPO_4	: 1 g
$MgSo_4.7H_2O$	: 0,5g
Rosa de Bengala	: 0,3g
Ágar	: 20 g
Água destilada	: 1000 ml
pH	: 6,0

VI. Composição do tampão 10 x TBE

Base Tris	:54. 0g
Ácido bórico	:27,5g
EDTA	:4,65g
Água destilada	:500 ml
pH	:8,0

Preparação

Cada produto químico foi dissolvido em copos separados com água destilada e todos foram finalmente misturados. O pH foi ajustado para 8,0 utilizando 0,1 Hcl ou NaOH e o volume foi aumentado para 500 ml e esterilizado por autoclavagem a 15 lbs durante 15 minutos.

VII. Composição do corante de carga (10x)

Glicerol	:	5ml
10 x TBE	:	1ml
Azul de bromofenol (saturado)	:	1ml
Xileno cianol (10%)	:	1ml
Água bidestilada	:	10 ml

Preparação

O conteúdo foi bem misturado e dividido em alíquotas de 1 ml, esterilizado e armazenado a -20°C para utilização posterior.

Printed by Books on Demand GmbH, Norderstedt / Germany